云南社科普及系列丛书

云南少数民族村落
历史景观与文化传承

李楠 周皓 著

中国大百科全书出版社

图书在版编目（CIP）数据

云南少数民族村落历史景观与文化传承 / 李楠，周皓著 . -- 北京：中国大百科全书出版社，2022.10
ISBN 978-7-5202-1232-8

Ⅰ.①云… Ⅱ.①李… ②周… Ⅲ.①少数民族—村落—景观—文化研究—云南 Ⅳ.① TU982.297.4

中国版本图书馆 CIP 数据核字（2022）第 205554 号

责任编辑　刘　浪
责任印制　魏　婷
出版发行　中国大百科全书出版社
地　　址　北京阜成门北大街 17 号　　邮政编码　100037
电　　话　010-68363660
网　　址　http://www.ecph.com.cn
印　　刷　北京市十月印刷有限公司
开　　本　710 毫米 ×1000 毫米　　1/16
印　　张　10
字　　数　160 千字
印　　次　2022 年 10 月第 1 版　　2022 年 10 月第 1 次印刷
书　　号　ISBN 978-7-5202-1232-8
定　　价　42.00 元

资助项目

2020 年度云南省社科规划科普项目，云南少数民族村寨历史景观文化传承读本（项目批准号：SKPJ202035）

前言

云南地处中国西南边陲，总面积占全国总面积的 4.1%。东与广西壮族自治区和贵州省毗邻，北以金沙江为界与四川省隔江相望，西北隅与西藏自治区相邻近，西部与缅甸相邻，南部和东南部分别与老挝、越南接壤 [①]。

云南有 26 个民族，其中少数民族人口占云南省总人口的 33% [②]，经过历史上复杂的民族融合与民族迁徙，形成了多民族杂居的现象。丰富多样的云南民居建筑既是民族文化的重要载体，也是广大村镇居民的居住实体，共同形成了丰富多彩的村落文化和各具特色的村落景观，成为我国西南地区一条重要的民族廊道与人文景观带。

本书首先对云南少数民族村落建筑成因的特殊性、建筑景观的多元性、建筑分布的丰富性以及建筑文化的多样性进行论述，阐明了村落景观产生的自然基础与人文背景；接着，对云南少数民族村落建筑进行分类，分别介绍干栏式、井干式、土掌房以及合院式民居的景观特征，采用案例介绍和分析研究

[①] 云南省人民政府网：http://www.yn.gov.cn/yngk/

[②] 云南省人民政府网：http://www.yn.gov.cn/yngk/gk/201904/t2019040 3_96251.html

的方法，从宏观层面对云南少数民族聚落景观进行分析；再者，选择傣族干栏式民居景观、普米族井干式民居景观、哈尼族土掌房民居景观以及纳西族合院式民居景观，从民居结构、布局类型等方面进行阐述；然后，选取特征凸显、大众熟知、便于科普的云南独有的少数民族建筑景观进行解析，分别从空间特征、空间构成、新民居探索等方面总结归纳了大理白族、西双版纳傣族、丽江纳西族、红河哈尼族、临沧佤族村落的建筑景观特点；最后，借纳西族村落公共建筑更新和白族村落景观活化的两个案例展现未来村落发展提质的可能性，分享给各位专家和读者参考。

本书的阅读对象为对云南少数民族建筑景观文化有阅读兴趣及了解需求的大众，尤以云南少数民族传统村落的居民、大中专学生和青少年为主。通过对少数民族建筑景观艺术特点、美学价值等方面的文化知识介绍，运用图解化的手绘说明和文字诠释来替代抽象的文化灌输，呈现云南少数民族建筑文化的总体概貌，使读者了解云南少数民族建筑背后的历史渊源、实用功能和审美表达，以达到可读性和知识性并重的文化普及目的，并为宣传少数民族建筑文化，普及建筑景观知识，增强少数民族族群认同，保护民族建筑艺术的多样性和对我国人居环境的改善等实践工作助力。

希望此书为大家打开一扇从建筑人文的角度了解、认知和保护云南独特历史文化遗产的大门，助力民族地区的团结繁荣与可持续发展，并为后续深入的村落景观研究与地域性乡村景观振兴奠定基础，对少数民族风貌建设、旅游开发与经济发展提供基础研究成果。

云南少数民族建筑景观丰实，但篇幅所限，本书仅选择了部分代表性建筑，在资料收集和写作、建筑选择过程中，难免会有偏颇和遗缺，还请各位专家读者批评指正。

序

　　传统村落维系着中华文明之根，传承着中华民族的历史记忆、生产生活智慧、文化艺术结晶和民族地域特色，寄托着中华各族儿女的乡愁。截至目前，先后有六批8171个具有重要保护价值的村落列入了中国传统村落名录，其中，云南有778个，占9.52%，且一半以上系少数民族村落，可见云南传统村落资源之丰富。

　　云南少数民族村落的特点在于其类型的丰富性、文化的多样性、元素的原始性及风貌的独特性。对于遗存至今的云南少数民族传统村落的保护与传承，是一项艰巨且复杂的工作。而保护与传承之首在于认识——认识它的价值，认识它的特点，认识它的文化内涵。云南的社会、文化、建筑各界对此做过不少研究，有不少的学术论著，对民族村落的保护传承起了一定的理论指导作用。然而，这些学术研究论著对于村落的管理者及生活在村中的老百姓来说，常常是看不到或看不懂。为此，出版一套社科普及系列丛书甚有必要，这本有关云南少数民族村落的通俗性书籍适逢其时地填补了空缺。

　　这本书出自一位青年建筑学者和一位青年民族学者，他们勤奋、敏锐、用心，有热爱学术的情怀和强烈的社会责任

感，能抓住现实需要的课题进行深耕。研究内容与当前传统文化的传承、乡村振兴、少数民族的发展等有着紧密的联系，成果是面向实际、面向大众需要的普及读物，阐述的方式是恰当的、图文并茂的通俗性表达，这些都是值得称赞的。

作为长期从事建筑教育的我，现在看青年学者的论文与著述，看得懂的越来越少，看不懂的越来越多，更不用说老百姓了。现在能看到这类通俗易懂的科普读物，令人眼前一亮、拍手称快。鉴于我过去也有过"把文化遗产保护的知识交给群众"的理想，并做过一点编写"保护维修手册"等类似的普及工作，因此我深知：没有研究者的"深入"，就不可能有真正有用的"浅出"。为此，我希望所有的通俗普及读物不仅要易懂，而且要让群众懂得更多、更深一些，不仅要懂得有什么、是什么，还要懂得为什么。这就要求普及者本身要研究得更深一些，既是对该科普读物寄予的厚望，也相信两位作者将沿着这一方向发挥更大的作用！

昆明理工大学建筑与城市规划学院朱良文教授

2022 年秋于春城昆明

第5章 特色少数民族建筑景观空间更新方案

第 1 章

绪论

党的十九大以来，以习近平同志为核心的党中央将乡村建设作为全面实施乡村振兴战略的重要基础性工作和综合性举措，并将其放到重中之重的位置来抓，推动农业、农村发生了翻天覆地的变化，广大农民得到了实惠。习近平总书记高度重视乡村建设，明确要求继续推进社会主义新农村建设，为农民建设幸福家园和美丽乡村，强调要遵循城乡建设规律，注重地域特色，体现乡土风情，以多样化为美，打造各具特色的现代版"富春山居图"。

为深入贯彻落实习近平生态文明思想和习近平总书记关于乡村振兴的系列重要论述及考察云南的重要讲话精神，认真落实党中央、国务院以及云南省委、省政府关于实施乡村振兴战略和整治提升农村人居环境的工作部署，加快助推云南省委、省政府提出的"干部规划家乡行动"，传承发扬云南优秀建筑文化，保留乡村风貌、彰显地域特色、留住最美乡愁，按照"产业兴旺、生态宜居、乡风文明、治理有效、生活富裕"的总要求，结合云南少数民族村落传统建筑历史景观特色，面向大众普及少数民族建筑文化知识和对民居价值认识的迫切需求，完成此书的编撰。

云南地理位置特殊、地形地貌复杂、气候和环境多样、多民族文化交织交融，赋予了乡土建筑各具特色的地域文化和浓郁多姿的民族风情，使乡土建筑成为云南农村一道亮丽的风景线。但随着农民收入水平的不断提高，农村建设行为明显增多，一些千篇一律的现代化建筑开始蚕食传统的建筑风貌和建筑文化氛围，在社会转型以及快速城市化等背景下，传统村落正在迅速消失，使得人们认识和建立保护云南少数民族建筑遗产和建筑文化的意识和行动就显得尤为迫切。

本书采取少数民族建筑景观空间解析和实践案例相结合的编撰模式，既考虑到科普读物的价值导向和创新意识，又要考虑科普的准确性、生动形象和通俗易懂。作为云南少数民族村落建筑景观文化传承读本，在注重通俗性的同时兼顾一定的学术性。

本科普读物结合云南省住房和城乡建设厅、云南省城乡规划设计研究院共同公布的 18 种民居类型〔"一颗印"紧凑生长合院式、会泽地区紧凑生长合院式、坊坊相接（核心区）合院式、滇中及滇南平顶土掌房、建水及周边地区紧凑生长合院式、混合干栏式、"蘑菇房"、滇东北三川半穿斗合院式、滇西低足干栏式、滇南高敞干栏式、滇西高敞干栏式、滇西南低足干栏式、丽江及周边地区坊坊相接合院式、腾冲及周边地区紧凑生长合院式、滇西北土库房及碉房、滇西北井干夯土墙混合式、滇西北井干式、滇西北低足干栏式[1]〕，以及著名建筑学者蒋高宸先生在《云南民族住屋文化》这本书中对云南建筑的分类，进行科普化的归纳和提炼。以干栏式建筑、井干式建筑、土掌房建筑、合院式建筑为分类蓝本进行介绍，并以部分云南独有的少数民族建筑为例，结合少数民族发展过程中保留下来的建筑遗存，能够反映村落历史背景，与村落有着特殊关系的历史景观[2] 展开阐述（见图 1-1-1）。

少数民族建筑景观承载着厚重的历史文化信息和民族精神内涵，它作为村落文化的"容器"是村民日常生产、生活等活动的重要载体，见证了村落的历史变迁；通过物化的建筑、村落景观环境及民族风俗等各类遗产，展现了云南多民族文化交融、丰富多样的少数民族乡土风貌和村民的乡愁记忆。本书的撰写也是为了让读者通过书中案例去感知村落景观人文，体验少数民族建筑空间的营造过程，通过对这些村落历史景观空间营造的介绍，加强人们对村落空间的人文感知，留住传统、留住文化、留住乡愁[3]。

---

① 云南省住房和城乡建设厅 云南省城乡规划设计研究院《云南省乡村宜居农房风貌引导图集》[M].2021.

② "历史景观"是英文 Historic Landscape 的直译，是一个缺乏精确定义的概念。在美国，历史景观附属于文化景观体系，如 Prof. Robert Melnick（美国保护教育终身成就奖获得者，俄勒冈大学设计学院前院长）提出："历史景观可以被定义为文化景观的一个类型，这一类型的景观与特定的人物、事件及特别重要的历史时期相关联。""Historic"本身具有两个意思，一个是"历史的、历史上的"，而另一个是"具有历史意义与影响的"。本文所指的历史景观，即村落范围及其周边的具有一定历史的建筑和景观，其形成与演变均与村落有着特殊的关系，能够反映村落历史背景、地域特征，在一定历史时期形成且能传递特定文化内涵，具有相应美学价值的传统建筑和其周边的景观。

③ 沈正虹.浅析村落景观空间人文感知的体验营造——以金东区郑店历史文化村落为例[J].现代园艺，2021（6）.

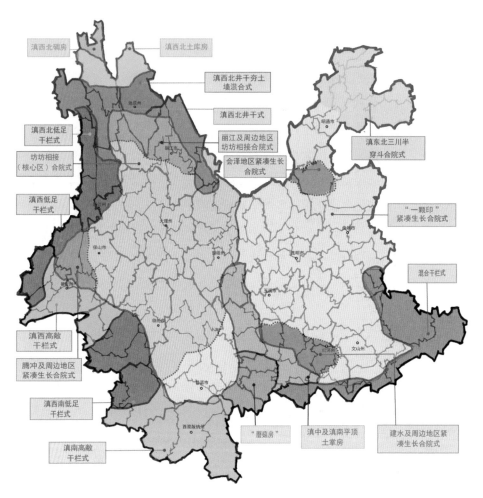

图1-1-1 云南传统民族住屋分区图（图片绘制：梁天韦、时昊天，依据《云南省乡村宜居农房风貌引导图集》绘制）

第 2 章

云南少数民族建筑综述

2.1 云南少数民族建筑成因的特殊性

每一个民族都有自身的独特文化，这些文化表现人们的生产生活，是人类的宝贵财富之一，不同的民族反映出的民族特色各不相同。云南历史悠久、民族众多、山水奇异、地形独特、气候复杂，千百年来，生活在这片土地的 26 个民族，在漫长的历史岁月中，建造了许多绚丽多姿、个性鲜明、特色突出的村寨。它们是用砖瓦、街巷书写的历史书籍，无声地传承着我们先人的文化，记载了云南经济社会发展的历史，延续并发展了优秀的民族文化传统。这些建筑文化璀璨生辉（见图 2-1-1）。

在这些民族聚居的地方形成了具有鲜明特色的建筑，比如汉族的"一颗印"、傣族的"竹楼"、白族的"三坊一照壁"、彝族的"土掌房"、哈尼族的"蘑菇房"等都是其中典型的代表（见图 2-1-2）。这些建筑在建筑结构工艺、景观空间装饰等方面都具有明显的民族特色，是我国地方民族建筑的重要组成部分。

2.2 云南少数民族建筑景观的多元性

在云南各地区，少数民族建筑景观有典型的特征，通常会表现出多元性的特点。这不仅体现在不同地区、不同民族的住屋形式，而且同一民族在不同地区、不同时期，其住屋形式也不同。这是各个民族的工艺匠师在不同自然环境、经济技术、社会文化、生活习俗、审美观念等综合条件下创造出来的，蕴含着宝贵的智慧和丰富的经验。根据汉代出土的青铜屋宇模型考证，云南两千多年前的民居，以干栏式、井干式为主（见图 2-2-1），滇西地区也使用土掌房，这些建筑形式被不同民族一直沿用至今。

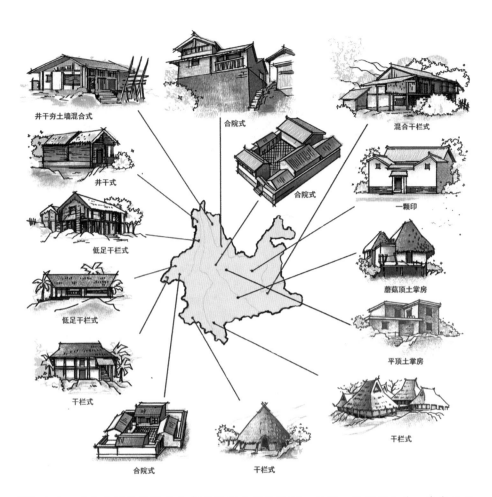

井干夯土墙混合式

合院式

混合干栏式

井干式

合院式

一颗印

低足干栏式

蘑菇顶土掌房

低足干栏式

平顶土掌房

干栏式

合院式　　干栏式　　干栏式

图2-1-1　云南少数民族民居分布示意图（图片绘制：王铱，依据杨大禹、朱良文编著的《云南民居》中的插图绘制）

2.3 云南少数民族建筑分布的丰富性

　　云南省共有 26 个民族，是全国少数民族较多的省份，其中 11 个为直过民族[①]。从各民族居住地看，出现了大杂居、小聚居的特征。比如，彝族主要生活在滇中及滇东北区域，苗族生活在云南的东部以及东南部，独龙族、佤族、藏族、

---

① 直过民族，是直接过渡民族的简称，特指中华人民共和国成立后，未经民主改革，直接由原始社会跨越几种社会形态过渡到社会主义社会的民族。

图2-1-2　云南民居部分典型代表（图片绘制：卢凯宁、梁思佳、李茂云、董碧君）

图2-2-1　云南古滇国干栏式住屋（作者拍摄并整理）

纳西族、布朗族等主要分布在云南的西部、南部及西北部。在各个民族相对集中的聚居区域，他们的建筑呈现出鲜明的民族特色。

除了"小聚居"给云南少数民族建筑带来了影响，"大杂居"同样影响了云南少数民族建筑的发展和演变。比如傣族、景颇族、哈尼族、彝族一些聚居的区域建筑形式具有相似性，并且建筑风格传承了上千年。少数民族杂居在一起，各民族可以取长补短，从而对建筑形式进行优化，又产生了新的建筑结构。

云南地形地貌复杂，海拔高差异常悬殊。比如云南东部为起伏和缓的低山和丘陵；西部为横断山脉，高山深谷相间，地势险峻；西南靠近边境地区地势和缓，河谷开阔。这样复杂多样的地形地貌，使得各民族呈现立体分布的特征（见图 2-3-1）。比如佤族、布朗族、瑶族多居住在海拔较低的山区，苗族多居住在高寒山区，藏族分布在云南西北部的高原区域，独龙族、怒族则分布在横断山区。由于悬殊的海拔高差，各民族的居住环境和气候差异较大，因此各民族的建筑分布呈现出丰富多样的特点。

2.4 云南少数民族建筑文化的多样性

云南村落的文化积淀非常深厚，多元文化的和谐发展是云南文化最根本、最显著的特

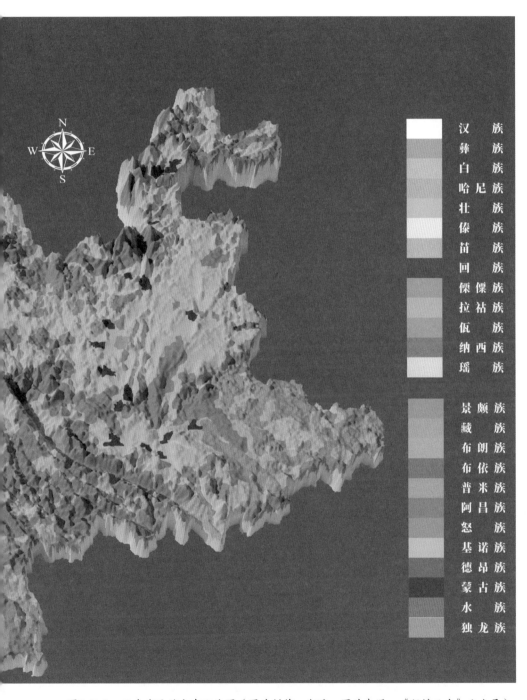

图2-3-1　云南省民族分布斑块图（图片制作：郑溪；图片来源：《秘镜云南》公众号）

征。云南少数民族村落文化，主要从以下三个角度显现出多元的特征。

2.4.1 历史文化

考古学家在滇中、滇东、滇西、滇南发现了大量旧石器时代和新石器时代的文化遗址，由于复杂的历史原因，古人类时代被湮没。到了文明时代，云南的历史发展较之中原为缓，自庄蹻入滇迄今已有两千余年。在历史长河中，云南的历史变迁有着自身的特点和规律，其突出的特点便是云南历史发展中的多民族、多中心和每隔五百年左右便发生一次统治中心的周期性转移[①]。五百年一移的历史现象说明了远古和中古云南历史进程中的周期性变化。多中心和多文化圈的出现，说明古代云南没有真正形成一个全境范围内带有共同的政治、经济、文化特征的核心区域和主体文化。

云南特定的地理环境以及中央王朝鞭长莫及、无法管理，使云南不同地区、不同民族的政治、经济、文化发展不平衡的特点十分突出。在不同的历史阶段，由于各民族自身发展的外部机遇和内部机制不同，一个民族取代另一个民族，一个区域取代另一个区域成为云南的统治中心就成了历史必然。这也是云南与中原汉民族自身高度发达的文化辐射力、吸引力、民族内聚力的根本区别。

元代以后，以昆明为中心的汉文化成为云南的主体文化，标志着云南由分散向集中、由多中心向统一体的最终形成。明末清初云南大规模的改土归流有"以汉化夷"与"因俗而治"两种文化治理方略。"以汉化夷"是"求同"，"因俗而治"是"存异"；"以汉化夷"追求文化的"一体"，"因俗而治"追求文化的"多元"。在许多流官看来，"以汉化夷"既是一种施政方略又是神圣的文化使命。当时主要从两个方面推进"以汉化夷"进程，一是兴学重教，二是移风易俗。"因俗而治"文化治理方略则是在对待云南边疆和民族问题上不实行强制性的民族同化政策，例如，改土归流后，清廷对边远地区少数民族并不强求剃发易服。"以汉化夷"与"因俗而治"相辅相成、并行不悖，共同促成云南"多元一体"地域文化的形成。

---

① 范建华. 云南民族历史与文化的变迁——关于云南政治文化中心五百年一迁移的思考 [J]. 学术探索，2004.（7）.

统一的政治、经济、文化格局的定型化，以及以汉文化为主体的云南各民族文化的共同发展，成为云南历史的主流和趋势。例如，儒家文化对云南白族的政治、经济、文化产生影响，使得大理地区崇尚儒学的人文风气越来越盛。和汉族一样，追求功名、光宗耀祖的思想深深印入他们的脑海。儒家文化和原有的白族文化进行融合，促使白族建筑走向成熟，形成了自己的建筑风格：清新、精致、严谨、工整。

2.4.2 宗教信仰

云南少数民族原始宗教形态多样且内容丰富，是原始社会发展到一定阶段所产生的以反映人与自然矛盾为主要内容的初期宗教。它以巫术控制和多神崇拜为主要特征，基本囊括了原始宗教的所有内容和形态，包括自然崇拜、图腾崇拜、动植物崇拜、祖先崇拜、鬼神崇拜、寨神崇拜、土地崇拜等（见图 2-4-1），许多原始崇拜至今还保留着神秘莫测、难以理解的祭祀仪式。

云南少数民族的寨神崇拜与土地崇拜有着千丝万缕的联系。这些民族在聚落规划布局时就开辟一定的场所作为祭典之用。各族供养寨心神的方式不同：傣族、布朗族、拉祜族往往在寨中心留有空地，埋设木桩，象征寨心，三根、五根或者独根，桩头稍加雕琢，或在木桩上加建一个小亭子。佤族则在村寨中埋设一丛类似牛角的木桩以象征寨心。与寨心相对应，寨子四周设有四方寨门神以保护寨子边界（见图 2-4-2）。云南少数民族还创造并传承了特色的宗教信仰，如丽江纳西族原生性宗教东巴教等，这些宗教信仰为当地人民所共有。还有很多原始宗教意识形态，比如祖先崇拜、动植物崇拜等，这些崇拜活动都是原始仪式的遗存。

云南少数民族的宗教信仰也会受到传统汉文化的影响，比如道教、佛教等思想在云南流传广泛。而佛教文化在云南影响最广，既有藏传佛教、南传佛教，也有汉传佛教，在一个地区三大佛教派系共存，这在佛教传播发展史上也是较为罕见的。例如，傣族南传上座部佛教寺庙，多建在居民聚居地，由于生活在这里的傣族以及其他一些民族几乎全民信教，所以寺庙与普通百姓的生活十分亲近（见图 2-4-3）。无论是全体居民的节庆大典，还是某家某户的重要家庭事宜，往往离不开寺庙，寺庙几乎成了当地村落文化活动的集中地之一。佛教与原始宗教并存，

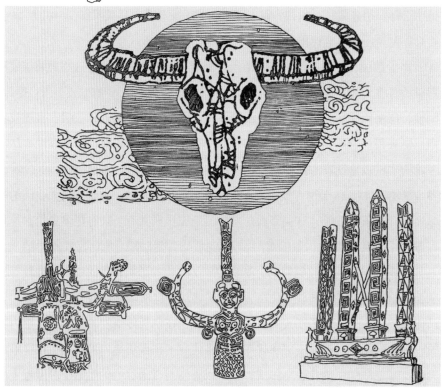

图2-4-1 云南少数民族节日文化及特色宗教信仰：自然崇拜、动植物崇拜、图腾崇拜、鬼神崇拜等（图片绘制：顾佳欣）

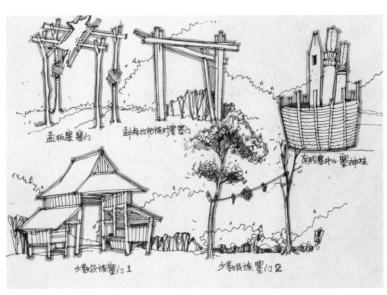

图2-4-2　云南少数民族村落寨心、寨门及村落布局（作者依据王翠兰、陈谋德主编的《云南民居·续篇》中的插图绘制）

图2-4-3 西双版纳傣族村寨佛寺（上：佛寺外观；下左：从佛寺出来的村民；下右：佛寺内部）（作者拍摄）

也是西双版纳傣族宗教信仰的一大特点，可见当地民族具有丰富的信仰意识。

云南少数民族宗教信仰受外来文化影响较为多样，伊斯兰教、基督教、天主教等对云南近代少数民族建筑形式有较为积极的影响。例如，云南西南、西北及怒江地区，景颇族、怒族的基督教堂较多；大理的天主教为了适应当地地理人文环境，其教堂与白族本土建筑相融合；伊斯兰教的建筑在大理巍山也与本土建筑结合，采用传统的屋顶形态而不是穹隆顶的形态。

2.4.3　民族文化

云南境内少数民族众多。千百年来，各民族的先民们创造了多姿多彩的民族文化和悠久灿烂的历史文化。各民族在其发展过程中，形成了独特的民族文化。特色鲜明的云南民族文化是中华文化的组成之一，它对中华文化的丰富、繁荣做出了独特贡献。概括起来，独特性、融合性、多样性是云南民族文化的特点。

民族文化的独特性：云南各民族在漫长的发展历程中，经历了无数代人的艰辛努力和积累，在特定的历史条件下，产生了丰富多样并具有鲜明地方特色的民族文化。这些文化是其他区域民族不曾拥有的，代表着本土民族特色，例如傣族贝叶文化、哈尼族的梯田文化、南诏大理国文化（见图 2-4-4）、纳西族东巴文化、白族本主文化、彝族太阳历文化等。

民族文化的融合性：一是民族文化的包容性。云南各族人民在长期的流动交往中求同存异、和睦共处，做到"和而不同"。不论是白族文化、纳西族文化，还是傣族文化等，都可以在其中找到其他民族文化的基因或影响。二是人与社会的融合性。云南民族文化的融合性主要表现在漫长的历史进程中少数民族族内、族与族之间长期的斗争与交流中不断形成融合，而到了近现代，在中国共产党的正确领导下和对少数民族的关怀与扶持下，则逐渐形成团结一致、互助平等的友好合作与交流关系。

民族文化的多样性：由于民族众多，各民族风俗各异，就是同一民族其所居住的地域环境也存在差异性，从而形成"十里不同风，百里不同俗"的特有现象。以民族节日为例，按主题来分类，就可分为以祭祀神灵祖先为主题的祭祀节日，以农事生产为主题的农事节日，以欢庆丰收为主题的庆祝节日，以追念崇拜人物

图2-4-4　西双版纳贝叶文化及南诏大理国文化。上图：贝叶经（作者拍摄）；左下图：南诏安国圣治六年《护国司南抄》（图片来源：《苍洱五百年》李东红、杨利美，2004）；右下图：南诏时期大理下关北郊羊皮村佛图寺塔。

和重大历史事件为主题的纪念节日，以经济文化交流为主题的商业性节日等多种类型。同一类型中，由于民族间的差异、地域的差异、信仰的差异，又会产生出各种不同的节日。这就是民族文化多样性的根源所在。

2.4.4　地域文化

少数民族文化多样，相同的民族在不同地域其建筑形式有所不同，同一区域不同民族的建筑形式则趋于相同。例如云南墨江地区的傣族、彝族、哈尼族的建筑形式基本为土掌房，但傣族在西双版纳的建筑形式则为典型的干栏式建筑，居住在西双版纳的哈尼族住屋也是干栏式建筑。相同民族建筑形式的差异其根本原因在于地域的差异，例如傣族的水文化，是因为生活环境临水，使其具有了亲水的特征，倘若傣族人常年生活在山上，他们也极有可能大量使用火，随之也会产生火文化。所以，同一个民族在不同地域所产生的建筑形式和生活方式是不同的；不同民族在相同地域其产生的建筑形式却极为相近，这也证明了地域文化的重要性。

图3-0-1　上图：干栏式建筑；中左：井干式建筑；中右：土掌房，下图：合院式建筑（作者拍摄）

3.1 干栏式建筑（以傣族民居为例）

3.1.1 干栏式民居特征

干栏式民居系列包括傣族的
"干栏竹楼"，哈尼族的"拥戈"民
居，景颇族的"矮脚竹楼"，德昂族
的"刚底雄"，佤族和拉祜族的"木
掌楼"，傈僳族和独龙族的"千脚落
地"，壮族的"吊脚楼"，布朗族和
基诺族的干栏民居。

干栏式民居是一种底层架空、
人居楼上的建筑空间形式（见图
3-1-1）。在现代汉语中，"干"是竹
木之意，"栏"或"兰"都是屋舍之
意。在云南，干栏式民居系列主要
分布于西双版纳州、德宏州、怒江
州、思茅区、临沧市及红河州部分

图3-1-1 干栏式建筑雏形（图片绘制：时
昊天，依据杨大禹、朱良文编著的《云南民
居》中的插图绘制）

地区，这些地区属于热带、亚热带湿热河谷地区。

干栏式民居的基本特征是：屋分上下两层。上层根据各民族自身的实际生活
需求、家庭成员构成，围合分隔为不同的居住使用空间。下层架空，堆放杂物或
圈养家畜，并置梯（单个或双楼梯）以达上层，满足在湿热地区防水、防雨、通
风、散热的要求，并适应不同地形坡度的建盖和居住要求。在建筑主体的外部总
要设置一个室外的展台，作为日常活动的辅助平台。建盖房屋所用的建材常以竹、
木、草、缅瓦为主，因地制宜，经济适用。

3.1.2 傣族干栏式民居景观

傣族干栏式建筑主要散布于西双版纳、瑞丽一带。建筑平面近方形，上下两

层，上层住人，下层架空且无墙，用以饲养牲畜及堆放物品，顶为双斜面，多覆以编好的草席。到 20 世纪 90 年代，瑞丽干栏竹楼还有部分底部架空，后期随着防潮材料的应用，竹楼一般为二层落地式民居，剖竹为墙或以土坯为墙，覆以茅草，多为四合院[①]（见图 3-1-2）。

图 3-1-2　西双版纳、瑞丽的傣族住屋（上图：西双版纳傣族建筑，作者拍摄；下图：瑞丽傣族建筑，来源于《云南少数民族住屋：形式与文化研究》杨大禹，1997）

---

① 何明，魏美仙等编著 . 中国西部民族文化通志艺术卷［M］. 昆明：云南人民出版社，2018：179 .

原始的傣族传统民居是真正的竹楼——竹柱、竹楼板、竹楼梯、竹编墙、竹屋架、草排屋顶，通常称其为"第一代竹楼"。因其结构简陋、不坚固、不耐久，且规模不大，故现在已极少见。

我们现在通常所说的傣族传统民居是近几十年所见的，目前存量较少的上世纪90年代及本世纪初的"第二代竹楼"，虽然习惯称为"竹楼"，其实是木楼——木柱、木楼板、木楼梯、木板墙、木屋架、缅瓦屋顶（见图3-1-3）。随着时间的推移和技术的进步，当代竹楼已经是"第三代竹楼"，即用钢筋混凝土建造的"竹楼"。

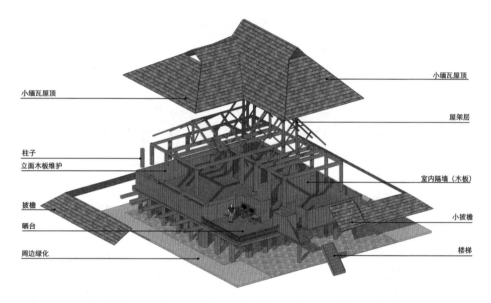

图3-1-3　西双版纳傣族干栏式建筑爆炸图（作者绘制）

典型傣族干栏式民居的特点：

1. 功能（包括以下六个基本元素）：

（1）底层架空层：供饲养牲畜和堆放杂物。

（2）楼梯：大多设置在房屋南面，处于屋檐之下。

（3）前廊：楼梯上来最先到达的地方，明亮通风，是休息的好地方。

（4）堂屋：设有火塘，兼厨房的功能，是烧茶做饭和家人团聚的地方（见图3-1-4）。

（5）卧室：竹楼最重要的空间，没有窗子，床垫一字排开，有蚊帐覆盖。

图3-1-4　傣族民居内火塘（作者绘制）

（6）晒台：具有多种功能，不仅可以晾晒衣服，还能够晾晒粮食，存放重要的物资。

竹楼规模虽有大小之分，但其六个基本元素及其相对关系不变。

2. **造型：**

（1）底层架空的干栏式造型——可用于储藏和方便日常做家务。

（2）"歇山"式屋顶的丰富轮廓——当房屋规模大时，可方便穿插、组合。

（3）融于自然的沉着色调——青山绿水环绕，整体建筑色调融合于自然（见图3-1-5）。

图3-1-5　与自然和谐统一的傣族村寨（图片提供：车震宇）

3. 第二代竹楼存在的问题：

（1）底层圈养牲畜，环境卫生条件差。

（2）卧室不分间，不符合现代生活需求。

（3）缺少独立的厨房。

（4）缺少卫生间。

（5）室内较为昏暗，采光差。

3.2 井干式建筑（以普米族民居为例）

3.2.1 井干式民居特征

井干式民居系列包括普米族、傈僳族、怒族"平座式"垛木房，纳西族井干木楞房，彝族的木楞房，独龙族井干式民居，中甸藏族的"土墙板屋"，洱源白族的"栋栋房"。

　　井干式房屋的建造方式被认为是一种古老的木构建筑方式。在生产工具落后的原始时代，将砍伐的树干立起并固定并非易事，而保持构件"水平"则自然地避免了这一难题。井干式结构不用立柱和大梁，房屋四壁是由木料重复垒叠而成。而"重复"意味着构造逻辑单一，有助于建造者掌握规律。重复垒叠的木墙既是承重结构又是内外围护结构和保温结构，一层结构复合多种功能，简洁高效[①]（见图 3-2-1）。

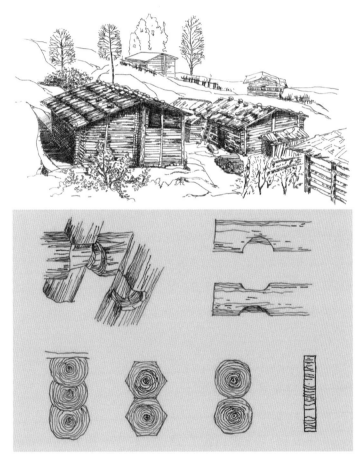

图3-2-1　井干式住屋及建筑构件搭接方式（图片绘制：刘东航）

①　赵妍. 现代井干式建筑体系设计方法——以彼得·卒姆托的卢奇住宅及莱斯别墅为例［J］. 建筑学报，2019（11）：18.

井干式民居在层层堆砌的圆形或方形木料的每端各挖出一个能上托另一木料的沟槽，纵横交错堆叠成井框状的空间，故名"井干"式。刘敦桢先生曾解释道："井干"式民居是"壁体用木材层层相压，至角十字相交……梁架结构仅在壁体上立瓜柱，承载槫子。"①

这种建筑形式具有坚固的内部结构，因此可以承受较大的重量。木材既可以作为建筑材料，还能够成为承重的基础，保护房屋的外形不受损坏。此类民居建筑的屋顶多为"悬山"式，常采用坡度平缓且相互搭接的双坡木板（又称"闪片"或"滑板"）覆盖（见图3-2-2）。为防止木板滑落、脱落，又在木板上压上石块。井干式技术从建造体系上大体可分为两类：一类以井干式体系来主导建造逻辑，一类以木框架体系来主导建造逻辑，此外还有少量两者并重的②（见图3-2-3）。

井干式结构的木墙和木板屋顶及压顶石，使这种类型的传统民居在外观形态上表现出统一协调的韵律和材质肌理。同时井干结构的木墙体与屋面支撑构架彼此独立，其简洁的建筑形体和构造，适用于在不同坡地上建造，并且井干结构主体还可以和局部底层架空的干栏、"平座"或土墙处理相结合，调整与缓坡地形的联系。采用这种建筑方式可以将保温的功能空间最大程度地利用起来，密闭的形式能够确保在冬天可以顺利过冬，但建造这种房屋消耗的木材较多，因此在木材资源丰富的山区才能实现，所以这种民居重点集中在云南的西北地区，如丽江、贡山等区域。居住在井干式民居的少数民族主要有普米族、傈僳族、怒族等（见图3-2-4）。

3.2.2 普米族井干式民居景观

普米族主要分布于兰坪老君山和宁蒗牦牛山一带。历史上普米族聚居区一直归纳西族土司管辖，在经济和文化上与纳西族的关系十分密切。普米族进入云南之初，还过着"居深山，聚族而居"的游牧生活，定居以后，农业逐渐发展，村

---

① 杨大禹，朱良文.云南民居［M］.北京：中国建筑工业出版社，2009：85.
② 潘曦（通讯作者），丘容千，林徐巍.滇西北井干式民居建筑的多民族比较研究［J］.世界建筑，2021.（9）.

图3-2-2　井干式建筑村落形态及"闪片"屋顶（作者绘制）

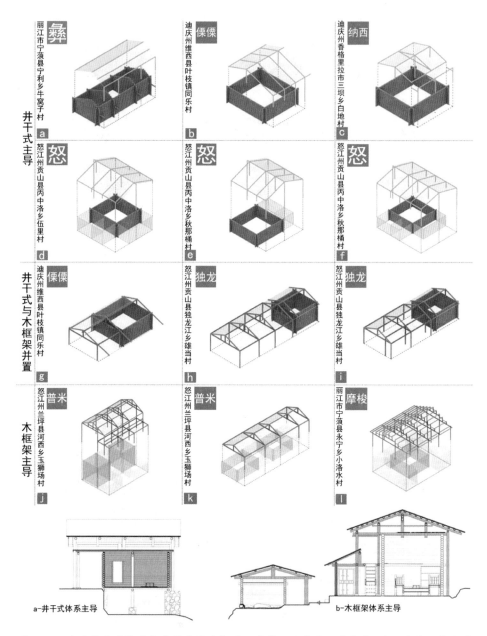

图3-2-3 井干式建造体系分类图〔图片来源:潘曦,丘容千,林徐巍.滇西北井干式民居建筑的多民族比较研究[J].世界建筑,2021.(9)〕

图3-2-4　怒族井干式住宅（作者绘制）

落日益稳固。

　　普米族"住山腰"，聚村而居，明代天启年间《滇志》卷三十中有这样的记载："西番住山腰，以板覆屋。"[①]在半山腰构建村落是普米族的特色，同时会根据亲戚关系形成村落，并且随着社会的发展逐渐聚集成部落（见图3-2-5）。

---

① 冯丁丁.明清时期云南普米族、蒙古族和回族文化变迁比较研究［J］.楚雄师范学院学报，2010（12）：18.

图3-2-5　兰坪罗古菁普米族村寨村落远眺（图片提供：程海帆）

普米族的木楞房因居住地区不同、家庭类型和规模不同而呈现出不同类型，不过其房屋及院落主要由住房、厨房、库房、畜厩组合而成。

普米族民居景观空间组合的两种方式：

1. 四合院式：多数为父系大家庭三四代人合住在一起[①]。

2. 半开敞式：各种半开敞式的院落，属父系小家庭四至五口人居住（见图3-2-6）。

除院落式大房子外，普米族居住的木楞房，一般为矩形三开间二层房屋，楼下住人，楼上储物。

建于坡地上的木楞房为防潮湿，地板通常用石块垫起架空，房屋正面有一间或三间前廊，作为室外活动场地，主卧室内均设有火塘，并在其周围设床（见图3-2-7）。

3.2.3　普米族井干式景观布局类型

1. 单层井干住屋：全部采用井干结构，在木模条上铺木瓦板，有门无窗。

2. 二层带前廊的井干住屋：三开间二层井干结构，中间小，两次间大，前面的柱廊开敞，立面开窗很小，屋顶覆盖长木板瓦片。

3. 带前檐的二层井干住屋：进深增大，分为前后两个房间，且前半部分使用木架板壁围护。二层楼房则根据使用需要逐步铺设。

4. 二楼带吊脚走廊的井干住屋：这类住房常为三开间大进深房间，分前后两部分，后半部分井干结构与前半部分构架相结合，二楼的走廊向外挑出。楼下住

---

① 杨大禹，朱良文.云南民居［M］.北京：中国建筑工业出版社，2009：88.

图3-2-6　普米族院落景观空间组合方式及细节（作者拍摄）

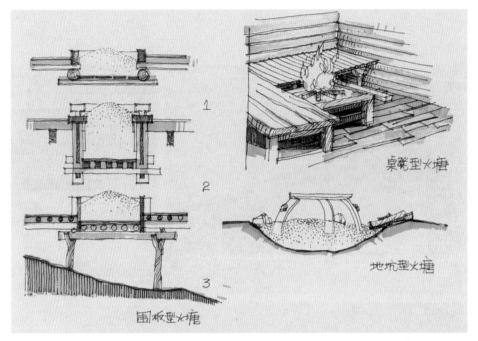

图3-2-7　火塘类型（作者依据杨大禹、朱良文编著的《云南民居》中的插图绘制）

人，楼上主要用于晒粮存粮（见图3-2-8）。

5.**院落式大房子**：这种形式为母系家庭住所，主房单层，其他房间一至二层，高低错落，自由灵活，平面不对称。

不论是哪一种形式，单一的一幢三开间平房或是四合院落，除经堂有装饰彩绘之外，其他房屋均用圆木叠置，且部分采用木构架组合，不施油漆。整幢房子从墙壁到屋面，用材质地相同，建筑风格粗犷、古朴，反映出普米族为适应山区寒冷的自然条件，因地制宜取材建屋的创造性智慧（见图3-2-9）。

3.3 土掌房建筑（以哈尼族民居为例）

3.3.1 土掌房民居特征

土掌房民居系列包括彝族的"土掌房"、哈尼族的"蘑菇房"、德钦藏族的

图3-2-8　上左：带前檐的二层井干住屋；上右：二楼带吊脚走廊的井干住屋；下图：单层井干住屋（作者拍摄）

图3-2-9　风格粗犷、古朴的普米族井干式住屋景观环境及屋内火塘（作者拍摄）

"土库房"等。

将柴草与泥巴混合在一起做成房顶，这种建造形式就叫作土掌房。其特点是平面呈方形，布置紧凑，节约用地，建筑保温隔热性能良好，室内冬暖夏凉，适合干热和干冷气候地区居民居住，就地取材，建造方便、经济。层层叠落的土平屋顶设置，克服了自然地形的限制与不利，创造出适合山地农耕生活需要的室外平台场地及生活空间，满足了当地居民日常生产、生活的功能需求（见图3-3-1）。土掌房民居主要分布在云南的元阳、元江、墨江、石屏、建水等地区（见图3-3-2）。居住土掌房民居的民族主要有哈尼族和彝族。

土掌房的住屋形式多是土掌平房和楼房。这种房屋的结构是平顶密肋木梁柱排架结构，墙体的材料是土坯砖或夯土。土掌房经久耐用，可以防火防盗，有冬暖夏凉的优点，且空间布局合理[1]。这种结构的房屋在房顶上具备较大的空间，因此可以作为晾晒农作物的场所，可以根据家庭人口来建造，面积可大可小。聚居在这些地区的彝族和哈尼族均使用土掌房这种建筑形式，足以说明这种民居形式是适应自然条件和生产生活需求的。

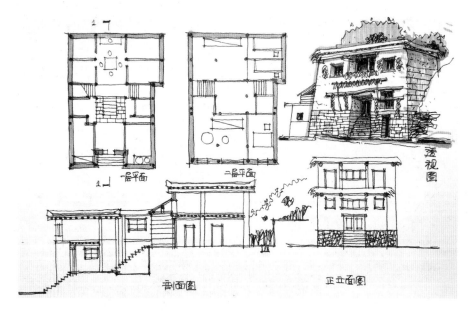

图3-3-1 土掌房住屋平面图、立面图及剖面图（作者绘制）

---

① 李程春，吴忠祥.浅析土掌房之美［J］.思想战线，2013（39）：25.

图3-3-2　土掌房建筑景观环境（作者绘制）

3.3.2 哈尼族土掌房民居景观（俗称"蘑菇房"）

　　红河州哈尼族民居在房顶上铺设柴草，这种建筑结构形式融合了土掌房的特点。草顶分为两坡或四坡，脊短坡陡，外形近似蘑菇（见图 3-3-3）。房顶类型可以进行细分，有的是单层，也有的是双层；可以在顶部建耳房，将建筑物的空间进一步利用；屋顶也可设置晾晒台，这样能够将家里的农作物拿出来晾晒，具有实用功能。哈尼族使用蘑菇形的建筑，是因为这种建筑形式可以适应多种气候。当哈尼族把这种模式带到雨水较多的新地区之后，为了防雨，便在土掌房顶部加了一个坡度略大于 45 度的四坡顶，这是对民居传统形式的适应性调整（见图 3-3-4）。

　　山区地势陡峭，房屋所占的面积较小，又因生产生活所需的晒场难以开辟，所以形成了稻谷收割后立即分散背回家中晾晒的习惯，因此各户就需要有足够的场地。为了更好地利用有限的面积及对自然环境和社会文化环境的不断适应，哈

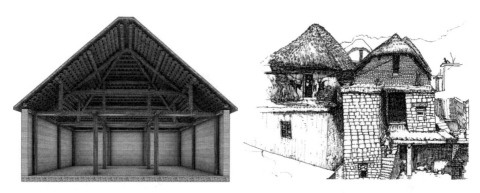

图3-3-3　土掌房剖面透视及手绘图　（图片绘制：傅俊凯、董万清）

图3-3-4　土掌房剖住屋及屋顶坡度（图片绘制：傅俊凯、陈莹）

尼族形成了多种民居形态结构，其建筑类型主要包括土掌房、封火楼和蘑菇房（本文以此为例进行介绍）。土掌房、封火楼和蘑菇房都属于邛笼谱系建筑（邛笼谱系前文已有介绍，但目前学界对云南少数民族建筑分类还有按经济发展程度、按建筑型制、按语系类型等），它们是对邛笼建筑的土掌房这一原型建筑的发展与创新。①

———————

① 白玉宝.哈尼族建筑文脉研究［J］.玉溪师范学院报，2014（10）：38.

3.4　合院式建筑（以纳西族民居为例）

3.4.1　合院式民居特征

合院式民居系列包括滇中昆明地区的合院民居，滇西北大理、丽江地区的合院民居，滇南建水、石屏地区的合院民居，滇东北会泽地区的合院民居，以及滇西南地区的合院民居。

云南的合院式民居是汉民族文化传播发展的产物。在历史上，云南建筑风格的发展在相当大的程度上受到汉民族文化的影响，汉民族与少数民族主要通过文化交流、移民迁徙、宗教传播及商贸往来等方式来实现人文艺术与建筑文化的互通互鉴。少数民族建筑文化在接触汉民族建筑文化之前或之初就处于孕育或发展的状态，由于它不可避免地带有原始、稚朴的特点，因此在受到中原强势文化的冲击下很容易被影响，但同时其本身所体现的民族特色和地域风格又丰富了中华民族的建筑文化。

云南独特的历史文化背景的多元性和复杂性使合院式民居表现出丰富多样、交融并存的特点。合院民居所表现出的总体特征是地方文化对于中原文化的汲取与融合。其特质可归纳为以下几点：

1. **院落的空间意义**：云南地区早期的本土住屋都是独立的外向型布置，在受到合院建筑的影响后，才出现了院落式内向型空间。传统院落空间强调"寓情于景""寓道于形"。所谓"情"，包括血缘、宗族之情和"丘园养素"之情，前者是联系社会的，后者则是联系自然的。所谓"道"，主要指哲学的理念。在合院式住屋形式中蕴含的"道"和"情"，都受到"道学"和"儒学"的渗透。无论院子大小，都给家居主人提供了雅静、安全的生活环境，一个院子就形成了一方自我的小天地，是主人笑谈人生、放松心情的精神家园。

2. **合院布局的模式**：王国维在《明堂庙寝通考》中说："后世弥文而扩其外，而为堂；扩其旁，而为房；或更扩堂之左右而为厢、为夹、为个。三者异名而同实。"[①]一般合院式民居数量上的增加是本着纵向优先的原则，形成传统的二进院或三进院，达到"庭院深深深几许"的效果。如果基地允许，也可横向发展，形

---

① 罗哲文，王振复.中国建筑文化大观［M］.北京：北京大学出版社，2001：1.

成并联的效果，如建水朱家花园的"纵三横四"布置（见图3-4-1）。

在合院民居中，这种不违反规范的建筑空间单元的增加，有如细胞分裂一样，渐渐由单体发展为群体组合。这种标准化的构件组合平面，显示出合院建筑的规范性和统一性。如果说"间"是单体建筑的组成单元模块，那么院落则可看作住宅群体组合的基本单元模块。合院式民居的扩展不在于单元模块体量上的加大，而在于单个基本单元模块数量上的增加。

3.**建造技术的成熟**：在合院民居中，北方民居多采用抬梁式，南方多穿斗式，这主要是南北气候差异所致。云南的合院民居在因袭了汉式建筑的抬梁式和穿斗式木构架的基础上（见图3-4-2），根据自身的环境加以改造，出现了将两种结构

图3-4-1　朱家花园"纵三横四"布置图（作者绘制）

体系相结合的手法，如在丽江地区，常有在中间构架用抬梁式，两端山墙面用穿斗式的混合结构法（见图3-4-3）。而从地方民居的"捆绑节点"到榫卯技术在木构架中的广泛应用，应是云南合院民居技术体系发展成熟的重要标志[①]。

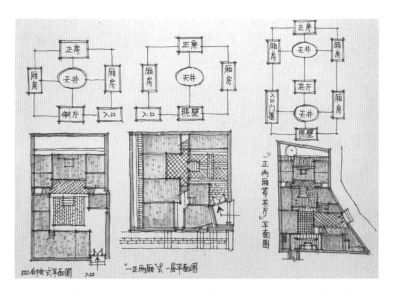

图3-4-2　腾冲汉式合院民居平面构成图（作者依据杨大禹、朱良文编著的《云南民居》中的插图绘制）

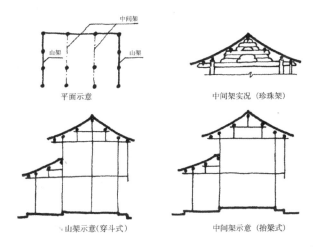

图3-4-3　丽江纳西民居抬梁式、穿斗式结构图（图片来源：《丽江古城与纳西族民居》朱良文，2005）

① 　赵慧勇.合院式民居在云南的发展演变探析［D］.昆明理工大学，2005（8）.

3.4.2 纳西族合院式民居景观

刘致平先生评价说:"云南最美丽生动的住宅要算丽江。"[①]丽江纳西族民居是云南民居中具有鲜明特色与风格的类型之一,它是地方文化与技术的结晶,也是各民族文化技术交流融汇的产物,包含着丰富的经验和宝贵的智慧(见图3-4-4)。

纳西族聚居中心丽江古城中的大部分建筑保持了明清建筑特色,民居建筑在纳西族原始的井干式木楞房形式基础上吸收融和了白族、汉族、藏族等民族建筑的优点而形成[②]。丽江纳西族的合院式民居主要分布在大研古镇等经济文化较为发达的地区,其类型和大理地区的白族合院相差无几,以"三坊一照壁""四合五天井"为主,但在具体形式上要更加注重与周边地形环境的紧密结合,由此使院落空间布置灵活自由,是多元文化交流的产物。

丽江纳西族民居主要具有以下特点:

1. **合院布局灵活多变。**丽江古城水系贯穿古城,有的水系甚至流入到民居中的庭院或厨房中。特殊的地理地貌,使纳西族合院民居更加注意建筑与水体的结合,根据不规则的地形和地面的标高来调整建筑的形态(见图3-4-5)。丽江古城的民居虽然还是以院落为中心,但其合院形式较为自由。

2. **山墙处理特色凸显。**纳西族民居的山墙面屋顶形制为悬山顶,山墙立面做法生动活泼,因丽江地区处于山谷坝区,无防风困扰,故其山墙面木构架多外露,可不封墙或开窗以利于二层的通风采光,因此需要用有一定深度的悬山挑檐来保护木构架,遮风避雨。山墙下段的土坯墙与上段的山尖两部分通常以"麻雀台"分界(见图3-4-6),打破了竖向立面的单调感。且纳西族民居山墙面上端开敞、通透,其后檐墙和山墙皆自下而上向内收分,即每高一尺收进一分,使底座看着较高,使建筑呈现出向上的挺拔感,体现轻盈优美的建筑风格(见图3-4-7)。

3. **装饰构建寓意丰富。**深远的山墙面出檐和搏风板,样式丰富的蝙蝠板和悬鱼都是丽江纳西族民居空间较有艺术特色的地方。悬鱼、蝙蝠板悬挂于山墙屋脊

① 蒋高宸.云南民族住屋文化[M].昆明:云南大学出版社,1997:396.
② 何明,魏美仙等编著.中国西部民族文化通志艺术卷[M].昆明:云南人民出版社,2018:178.

图3-4-4　丽江纳西族民居与村落景观形态（作者拍摄）

图3-4-5 丽江纳西族住屋景观借水入宅（图片绘制：王铣）

图3-4-6 丽江纳西族住屋山墙面麻雀台（图片来源：《丽江古城与纳西族民居》朱良文，2005）

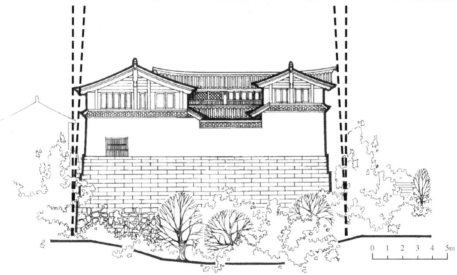

图3-4-7　造型生动、风貌洒脱的丽江纳西族民居（图片来源：《丽江古城与纳西族民居》朱良文，2005）

中央处，其种类不下百种，既掩盖了封檐板的接缝，又有装饰作用，图案多为祈祷年年有余（鱼）、祈福（蝠），表达了居民对美好生活的向往，同时也是受汉文化中风水观念的影响在建筑装饰中的体现（见图3-4-8）。

图3-4-8 丽江纳西族住屋悬鱼装饰及地面铺装（图片来源：左图 董理，《丽江纳西族民居悬鱼装饰艺术研究》昆明理工大学，2012；右图 《丽江古城与纳西族民居》朱良文，2005）

第 4 章

云南独有少数民族建筑空间解析

　　云南是我国少数民族最多、独有民族最多、人口较少民族最多、跨境民族最多的边疆省份，人口在 5000 人以上的民族有 25 个，15 个民族为云南独有民族[①]，包括傣族、白族、傈僳族、拉祜族、哈尼族、佤族、景颇族、阿昌族、布朗族、纳西族、普米族、基诺族、德昂族、怒族、独龙族。本章节以白族、傣族、纳西族、佤族、哈尼族的人居住屋和景观环境为代表，重点从民居建筑、景观空间、特色构件等角度分别进行介绍和解析。

4.1 白族建筑空间解析（以大理白族建筑景观为例）

　　白族主要聚集于云南省西部地区，白族人民始终将建筑作为景观环境中的一部分进行构建。白族人讲究选择周围自然山水、地形地势而加以利用，阳宅要山环水绕，背山面水。远眺白族村落，青瓦白墙掩映在绿水青山之中，建筑外墙灰白相间，造型层次丰富，装饰题材以自然为主题，再配合庭院植物点缀，自然属性较强，俨然一幅浓缩了的田园风光图（见图 4-1-1）。

　　大理白族民居建筑空间是一种真实而实用的景观空间（见图 4-1-2）。大理白族民居院落结构基本上是由门、屋、院三部分组成。院落的走廊在结构上相互通达，有的则设计成走马转角楼[②]。为了防震，白族民居建筑多为两层（见图 4-1-3）。

　　白族民居院落较为方正，通常以一进院为主，最典型的形式有"三坊一照

---

① 晏月平，方倩.云南独有民族人口转变阶段比较研究［J］.贵州民族大学学报（哲学社会科学版），2015（4）：84.

② 张金鹏，寸云激.民居与村落——白族聚居形式的社会人类学研究［M］.昆明：云南美术出版社，2002：26.

上：图4-1-1　喜
洲白族村落田园风
光（图片拍摄：董
万清）

下：图4-1-2　喜
洲白族民居屋顶肌
理（图片拍摄：杨
兴蔚）

图4-1-3　喜洲白族民居走马转角楼（作者拍摄）

壁"和"四合五天井"。"三坊一照壁"即由正房一坊，左右厢房二坊，以及正房对面的照壁围合而组成的一个三合院。"四合五天井"即由正房、左右厢房和下房四坊围合组成一个四合院，无照壁。除当中有一个正方形的大院子外，四坊交角处各有一个小院，亦称为漏角天井。其他院落组合多为中国传统合院形式的"日"字和"目"字形。在多个庭院天井组成的民居中，常把两庭院中间坊的明间敞通，做一个大敞厅，联系两个不同的庭院天井①。

4.1.1 三坊一照壁

　　云南大理地区有多种形式的"院"和"坊"的组合形式。"三坊一照壁"是白族民居布局的典型形式，在白族民居中此种结构的院落数量最多，这种建筑布局是由一个正房、两个厢房以及一个照壁围合而成（见图4-1-4）。合院内常见的是两层楼三开间，这种建筑结构形式能够设置更多的房间，在底层可以做出更加详细的划分，比如中间部分可以作为饮食起居接待宾客朋友的地方，两边可以当

---

① 喜洲镇人民政府，同济大学邵甬教授工作室. 喜洲古镇建筑保护、整治与新建街巷环境保护与整治导则［M］. 2017.

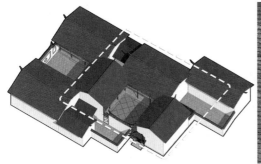

图4-1-4　喜洲杨品相宅"三坊一照壁"（图片制作：董万清、苏蕾、张菁桢）

作卧室，同时在院内建造走廊，在楼上区域也可以设置多个房间，互相串通。

4.1.2　四合五天井

"四合五天井"犹如在三坊一照壁的基础上将照壁替换为坊与耳的灵活组合，构成四个漏角天井和一个核心庭院。在布局上，四坊交角处各有一个小天井，中间有一较大的院子，四个小天井与正中院落合称"五天井"；院落入口门楼设于临街巷不建耳房的漏角天井中。四坊为主体空间，耳房与四个天井为次要空间；四坊围合的院落为室外活动的主要空间；交通空间为水平檐廊和楼梯[①]（见图4-1-5）。

4.1.3　重院（六合同春）

重院，是指由两个或两个以上院落单元组合而成的院落形式。住宅规模大时，常以"三坊一照壁"或"四合五天井"为基本单元，根据不同的地形和朝向，有的是横向连接，有的则是纵向连接组成重院。有一进两院，一进三院，个别的也有四进、五进的形制，而"一进多院"的群体组合是一种由多个院落组成的院

---

① 杨荣彬，车震宇，李汝恒. 基于乡村旅游发展的白族民居空间演变研究——以大理市喜洲、双廊为例［J］. 华中建筑，2016（3）：162.

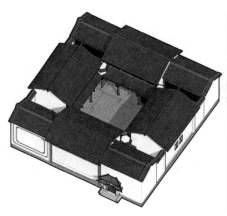 

图4-1-5 喜洲严宝成宅"四合五天井"（图片制作：董万清、杨兴蔚、张菁桢）

落形式。"六合同春"是白族民居重院的一大特色。这种建筑结构形式通常会根据当地的地形特点进行设计，形成多个院落的组合，但在外形上可以体现出严谨对称的特点。很多富裕家庭使用这种建筑方式，彰显子孙后代的繁盛，同时也能够反映当地大家族的居住习惯（见图 4-1-6）。

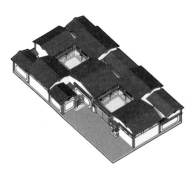 

图4-1-6 喜洲严家侯庐"六合同春"（图片制作：杨兴蔚、董万清、苏蕾）

4.1.4 独具特色的民居门楼

白族人对传统民居的装饰有着极高的要求，虽然白族建筑如汉式合院一样对外都是封闭且朴素的，但他们在门楼和照壁的修建装饰上极尽繁复，十分张扬，彰显屋主的财力、审美艺术以及白族民族精神等元素，因此也可以把门楼称作民居的"眼睛"。门楼的修建需要工匠理解屋主人的需求再加上自己的创意，所以匠人的工艺水平、创作能力以及屋主人的审美习惯等因素导致门楼出现多种多样的形制变化。因此白族匠人说，"在白族地区找不到两座完全相同的大门"。①

白族门楼大体可分为有厦门楼和无厦门楼两大类（见图 4-1-7）。有厦门楼即大门之上建有门檐，三间牌楼形制，分为出角式（即三滴水屋面）和平头式（即一滴水屋面）两种。有厦门楼是白族民居最常见的门楼形式，它历史悠久且手法

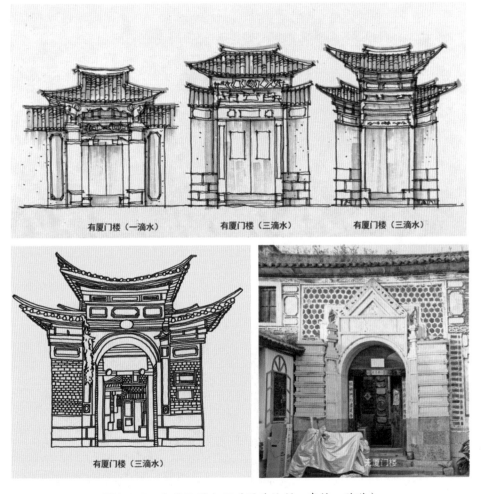

有厦门楼（一滴水）　　有厦门楼（三滴水）　　有厦门楼（三滴水）

有厦门楼（三滴水）　　无厦门楼

图4-1-7 白族民居大门（图片绘制：李楠、陈莹）

① 张崇礼. 白族传统民居建筑［M］. 昆明：云南民族出版社，2007：77.

成熟，包括梁、枋、斗拱、挂落、搏风、门簪及优美的屋面曲线等部分。"三滴水"门楼又称三叠水门楼，外形上总体是中间高两边低，每面有三个流水的坡面。"一滴水"门楼不如"三滴水"门楼华丽精美，是清代以前传统白族民居普遍的做法，即普通的坡屋面式，简朴大方。无厦门楼，即门上无檐，直接在门洞上进行装饰。无厦门楼多建于清末和民国时期，形式主要为中西结合式，手法注重砖雕、泥塑和线条装饰。

4.2 傣族建筑空间解析（以西双版纳傣族建筑景观为例）

西双版纳傣族人民多居于河谷平坝地区。该地区地势较低，年平均温度21℃，终年无雪，雨量充沛，年降雨量一般在 1000 至 1700 毫米之间。整体的气候特点鲜明，只有干旱的季节与潮湿的季节之分。当地被誉为"植物王国""动物王国"，丰富的物资资源，为民居提供了大量的天然建筑材料。传统的民居建筑称为"竹楼"，因所用材料几乎全部或大部分为竹而得名（见图 4-2-1）。

图4-2-1　傣族村落景观鸟瞰图（作者绘制）

傣族干栏竹楼常临水，"近水楼居"，"其地下潦上雾，四时热毒，民多于水边构楼以居，间晨至夕，濒浴于水"。傣族把居住的干栏竹楼通称为"很"，而"很"则由"烘亨"演变而来。傣语"烘亨"是"凤凰展翅"的意思。傣族传说中的天神帕雅桑木底，根据凤凰展翅的启示建造出一种既能遮风挡雨，又可防潮、防兽的竹楼[1]（见图4-2-2）。

图4-2-2　傣族民居轴测及剖面图（作者绘制）

4.2.1 傣族民居景观

傣族的村寨多选择建在江河湖泊之畔，平坦的河谷坝区。这里水源充足、土地肥沃、森林茂密，适合人们定居和进行农业生产。许多傣族村落都依山傍水，周围绿树环绕，村落内外环境优美。傣族人民善于利用自然取景，人文景观和自然景观完美结合，建筑层次有序[2]（见图4-2-3）。

1.街巷环境：傣族村落街巷环境相对自由，有些道路配有藩篱绿化。村寨房屋方向一致，排列基本整齐。村落边界道路总体平整，道路布局随地形走势布置。一般村落绿树成荫，果木颇多，整个村寨融于一片郁郁葱葱之中，一派亚热带风光。

2.公共空间：傣族均饮井水，水井常盖亭加以保护。傣族村落均有竜林[3]和

---

① 杨大禹，朱良文.云南民居［M］.北京：中国建筑工业出版社，2009：63.
② 马丹阳，苏晓毅.云南傣族村寨物质空间和非物质空间优化设计研究——以曼春满村为例［J］.华中建筑，2018（7）：119-122.
③ 西双版纳傣族"竜林"即为当地傣语"竜社勐"（部落祖先灵魂居住的神林）、"竜社曼"（氏族祖先灵魂居住的神林）等神山林的统称，它是在当地原始宗教文化背景下产生的蕴含祖先神灵崇拜文化特质的原始森林。

图4-2-3　与自然及地形完美结合的傣族村寨（作者拍摄）

古佛寺，有些以佛寺为村寨中心，周围环境具有居住、游憩、买卖、织锦等功能（见图4-2-4）。村落主要道路均通达佛寺，道路呈棋盘状分布。村落平面及空间布局体现了傣族村民尊重自然、与自然融为一体的建筑理念。个别村内有塔包树[①]、古井、古树等公共空间符号，并大多流传着美丽古老的传说故事。

---

① 塔包树，即从傣族佛塔顶中间长出的榕树，而佛塔则紧紧地将榕树环抱。塔包树和树包塔是云南傣族佛塔中的奇观，形成独特的佛塔类型，为其佛教艺术增添了神秘色彩。

图4-2-4 傣族村落街巷景观与公共空间。上左：竜林；上右：村内公共空间；中
左：村内街巷；中右：祭祀空间；下左：祭祀空间；下右：古井（作者拍摄）

3. **民居建筑**：竹楼的平面布局特点是灵活多变，房间功能分配合理。楼上平面由堂屋、卧室、前廊、晒台、楼梯组成。堂屋是商议大事、接待宾客、举行欢宴的地方，其中设有火塘，火塘的火常年不熄，用于烹饪、烧茶，一家人可以围着火塘饮食和聊天。前廊与楼梯相通，四周无墙，仅有重檐面遮阳避雨。一般在晒台盥洗、晒衣、晾晒谷物等。每户设有一部楼梯，一般为9级或11级。由于各个家庭的实际情况不同，使得竹楼的规模、布局呈现出多元化的特征（见图4-2-5）。

图4-2-5　傣族民居住屋景观、平面图及内部空间（作者拍摄并绘制）

4. **佛寺建筑**：佛寺建筑是傣族最具特色和宗教氛围的建筑。傣族地区的人们信奉的巴利语系佛教带有全民性，因此佛寺广泛存在于傣家村寨。佛塔、佛寺建筑典雅精致，充分体现了傣族的宗教信仰。村落佛寺一般都建在全村地形最突出、风景最优美的地方。这些佛寺一般是由寺门、佛殿、经堂、僧舍和鼓房构成（见图4-2-6）。

图4-2-6　傣族佛寺建筑及内部空间（作者拍摄）

4.2.2 傣族新民居方案探索

傣族民居的住宅形制正在发生着变化，如何既能保留傣族传统里最本真、最具价值的特征，又能融入新时代特征进行创新，实现傣族民居可持续更新，提炼传统民居精髓并将其与现代建造技术结合是极为紧迫的。我们对西双版纳傣族新民居在平面功能、立面造型、建筑材料改进、新工艺应用以及通风效果探索方面提供了实施性策略。

1.保留传统特征。在功能方面必须要符合居民的生活习惯，并且要方便人们的生活。在风貌上保持底层局部架空的干栏形式及"歇山"式屋顶。

2.改进平面功能。卧室分间，厨房独立，一、二层皆设卫生间，底层可灵活分隔，增设部分用房（储藏间及客用临时卧室等）（见图4-2-7）。

3.尽可能地简化结构。常见的建筑材料有钢筋混凝土、木头、砖块等，这些都可以作为建筑材料。统一柱网尺寸，并使屋顶的布置与其密切配合，尽量减少屋顶上的平沟，简洁而合理。

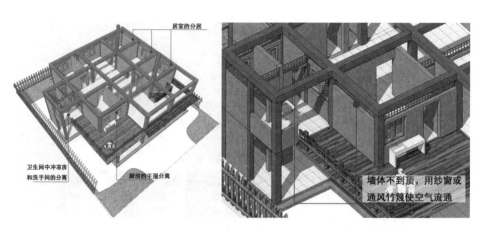

图4-2-7　傣族干栏式新民居方案平面及立面空间探索（作者绘制）

　　4.改变卫生间的设置。让卫生间紧靠建筑主体，采用坡屋顶组合，克服其孤立设置的通病，使其成为新民居的有机组成部分。太阳能设施隐蔽于坡屋顶下，集热器紧贴坡屋面，改善其风貌（见图4-2-8）。

图4-2-8　傣族干栏式新民居方案探索（作者绘制）

4.3 纳西族建筑空间解析（以丽江纳西族建筑景观为例）

4.3.1 纳西族民居景观

纳西族主要聚居于滇西北的丽江，这里山河交错，山高谷深，峰奇水秀。纳西族系西北高原古羌人部族中向南迁徙的一个支系，有着历史悠久的文化传统。和志武先生撰写的《纳西东巴文化》一书认为，东巴文创制始于 7 世纪初期的隋末唐初[1]，约在晚唐时期创造出由图画文字向象形文字过渡的东巴文字，称作"东巴经"（见图 4-3-1）。到 11 世纪时纳西族开始书写东巴经典。

纳西族的民居建筑景观空间随着分布地区的地理自然条件、社会经济条件以及文化技术发展情况的不同，有着多种不同的类型，如高寒山区的井干式"木楞房"和泸沽湖一带反映母系社会生活特点的摩梭人（纳西族分支）所保留的大院式住宅，都是较为原始的纳西族民居形式。随着社会进步、文化交流、技术发展、生活变化，纳西族民居已不是当初的原始形式，而是吸取、融汇了其他地区民族建筑的

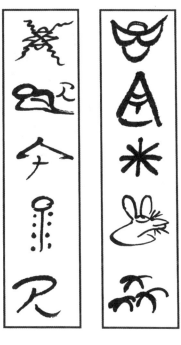

图 4-3-1　纳西族东巴文"玉岳千秋雪，金江万古流"（图片来源：《纳西东巴文书法艺术》周家模，1999）

长处而逐步发展起来的。它在平面布局、构架及造型上反映了唐、宋中原建筑的某些特点；其平面形式与其邻近的大理白族民居有若干相似之处；部分装修也受到剑川木雕技艺的影响。长期以来，纳西住屋在建构艺术、平面布局上皆逐渐形成了自己的特色，这些建筑主要集中在丽江古城及其周围的村镇聚落，如束河古镇、白沙玉湖村等地，人们称之为丽江纳西族民居[2]（见图 4-3-2）。

---

[1]　和志武.纳西东巴文化［M］.吉林：吉林教育出版社，1989：70.

[2]　朱良文.丽江古城与纳西族民居（第 2 版）［M］.昆明：云南科技出版社，2005：2-7.

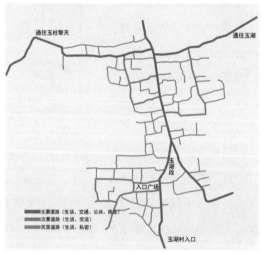

图4-3-2　白沙玉湖村村落平面肌理、村内景观节点及道路路网图（图片绘制：秦子景）

　　纳西族民居景观主要是利用当地的地理环境特征，创造出丰富的内部空间变化（见图 4-3-3）。纳西族建筑使用土木材料作为建筑的主体材料，创造出以下主要民居平面景观形式。

　　1. **两重院形式**：这类形式是用一个花厅（双面厦房）将建筑群分为前院和后院，在正房的中轴线上分别用前后两个大天井来组织平面。花厅景观空间为主人

图4-3-3　纳西族建筑群落鸟瞰图（作者拍摄）

接待贵宾、举行家宴的地方。在庭院的划分上，前院多为杂务用房和佣工用房；后院则为主人休憩、生活之处（见图 4-3-4）。另外一种形式则是在正房一院的左侧或右侧另设一个附院，形成两条纵轴线，正、附院的组成与前后院相同[①]。

2.**"三坊一照壁"形式**："三坊一照壁"形式为正房一坊，两侧各一坊以及正房对面的照壁组成一个内院。平面一般呈长方形，正房和厢房均为三开间，开间外设廊子（即厦子），两侧漏角屋形成的小天井可用于排水和采光通风（见图 4-3-5）。

3.**"四合五天井"形式**："四合五天井"与"三坊一照壁"不同的是，用一坊房替代了正房对面的照壁，由正房、对厅、左右两侧的厢房组成了一个四合院。除中间院落外，四角还有四个小天井。这在形式上比"三坊一照壁"形制更显丰富（见图 4-3-6）。

4.**两坊房形式**：两坊房民居形式较简单，平面形式按照"三坊一照壁"布局，预留其中一坊为自留地，经济充裕后可加建和拓展。从平面看，一层正房三间，

---

① 云南省设计院《云南民居》编写组.云南民居[M].北京：中国建筑工业出版社，1986：89–103.

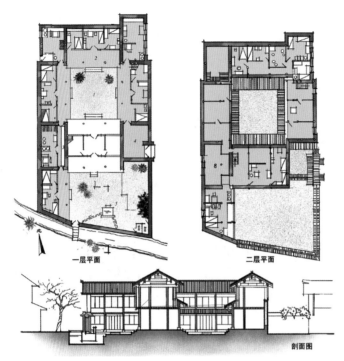

一层平面 二层平面

剖面图

上：图4-3-4 纳西族两重院民居形式（图片绘制：王铣，依据陈谋德所著《丽江纳西族民居》中的插图绘制）

下：图4-3-5 纳西族"三坊一照壁"民居形式（图片绘制：张叶嘉，依据朱良文编著的《丽江古城与纳西族民居》中的插图绘制）

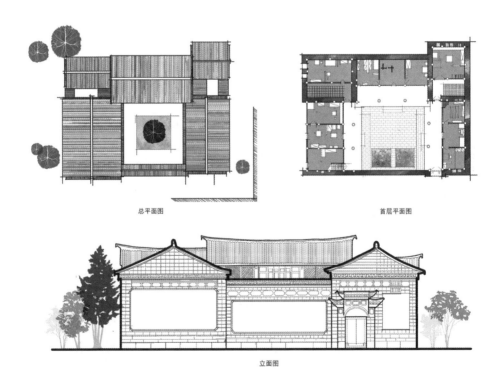

总平面图 首层平面图

立面图

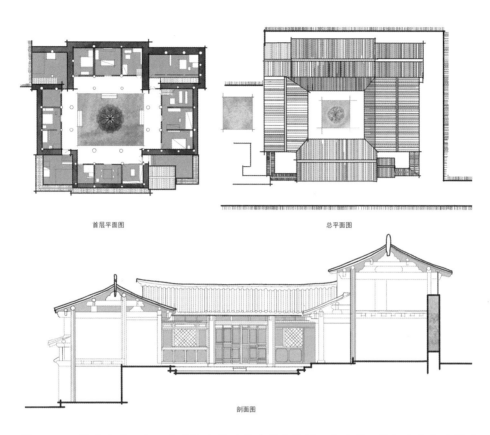

首层平面图

总平面图

剖面图

图4-3-6 纳西族"四合五天井"民居形式（图片绘制：张叶嘉，依据朱良文编著的
《丽江古城与纳西族民居》中的插图绘制）

中间为堂屋，两边是卧室和储藏空间，一层还分布了厨房、厕所、鸡舍等；二层
为卧室；三层是厢房相交的漏脚处，为储藏空间（见图 4-3-7）。

4.3.2 纳西族民居空间特征

1. **空间处理的灵活性**：丽江地区地形较为复杂，无论是平坝，还是山地，纳
西族民居大都与自然环境巧妙地融合在一起。平坝的民居院落可用围墙和建筑物
本身进行围合，而其他民居也利用自然环境所提供的各种条件如坡地、峭壁、土
坎、干沟和水面等来限定建筑的外部空间，巧妙地利用地形、地势争取建筑空间。
另外，纳西族民居的多种木构架形式，不仅带来了建筑空间的丰富变化，而且通

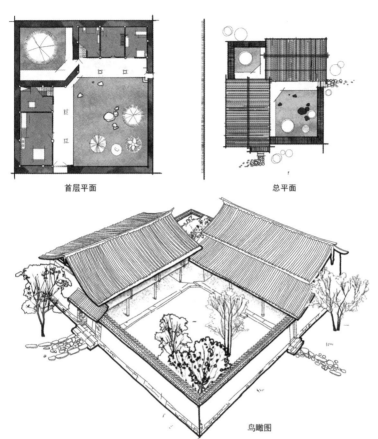

首层平面　　　　　　　　　　　总平面

图4-3-7 纳西族两坊房民居形式（图片绘制：张叶嘉，依据朱良文编著的《丽江古城与纳西族民居》中的插图绘制）

鸟瞰图

过骑厦、吊厦等方式，利用悬挑的手法向外扩展空间，有效地增加了楼层使用面积（见图4-3-8）。

2.**院落空间外的封闭性**：虽然纳西族聚落的街道空间、广场空间具有明显的开放性、自由性，但每一个民居院落对外却反映出一种强烈的封闭性，其原因主要来源于纳西族对房屋私密性的要求。封建社会的纳西族受汉文化影响，十分强调"家庭"的观念，因此民居一层的土坯外墙立面除院落大门外基本不开其他洞口，加上院墙高筑，让人无法窥见院内景象，而二层虽开窗洞，但木窗平时也多紧闭，很少开启（见图4-3-9）。

3.**院落空间内的流动性**：纳西族民居从内部来看，功能十分丰富，具备流动性。院内各房屋之间通过可以随时打开或关闭的隔扇门窗来划分。即使将门窗关闭，阳光依然可进入室内，视线不受阻隔。若将各坊房屋一层明间的隔扇门全部打

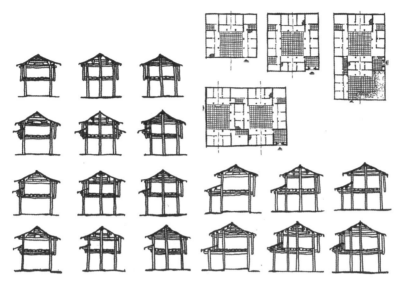

图4-3-8　纳西族民居构架与院落空间序列的多变，体现空间处理的灵活性（作者依据朱良文编著的《丽江古城与纳西族民居》中的插图绘制）

图4-3-9　丽江玉湖村村落空间肌理所体现的内向封闭性（图片绘制：秦子景；图片拍摄：袁泽艺）

开，就会发现院落空间、厦子空间、室内空间融合贯通为一个整体，使室内外之间原有的划分变得模糊，各空间相互延展，院子也便成为没有屋顶的"室内空间"。

4.3.3 纳西族民居厦子空间

纳西族民居的厦子[①]承担了重要角色，它的空间形态、空间特性、空间功能使其成为纳西族景观空间中最重要的部分，是整个空间序列形成的关键。厦子是进入室内的前序灰空间，加强了室外庭院和室内房间之间的联系。厦子还具有多种功能，不仅可供吃饭、会客、休息、娱乐，还可操作副业，在厦子里干活既能获得很好的通风采光条件，又能遮阳避雨。由于厦子是开敞的，相互连通的厦子将正房和厢房联系在一起，房门一开，室内空间便连成整体（见图4-3-10）。

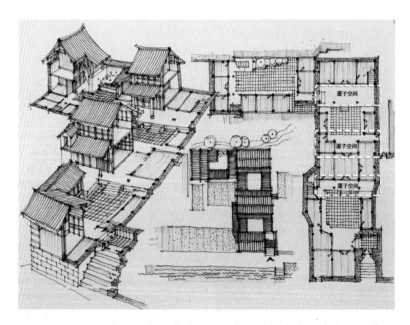

图4-3-10　纳西族民居空间序列及厦子空间（作者依据朱良文编著的《丽江古城与纳西族民居》中的插图绘制）

---

① "厦子"是纳西族民居中最为特别的空间，它是每坊前的廊道空间，上有披檐，宽度从1.5-3米不等，通常以盛放一桌酒席为最小宽度。它作为灰空间，既联系了室内外空间，同时也起到了室内向室外的过渡作用，减少了两种性质空间的直接冲突。

4.4 哈尼族建筑空间解析（以红河哈尼族建筑景观为例）

　　云南红河州元阳哈尼族民居因其外形，尤其是茅草屋顶类似蘑菇而得名"蘑菇房"（见图 4-4-1）。蘑菇房一般是二层的木构架土坯墙建筑，外形简单，几乎没有任何装饰。它是上千年来哈尼人应对当地气候和资源的最优选择，在历史景观上也已经和梯田环境形成了牢不可破的和谐关系[①]。哈尼族先民为了适应自然环境和满足生活、生产的需要，创造性地将茅草顶与土掌房相结合，深刻反映了本民族的建筑文化和智慧（见图 4-4-2）。

图4-4-1　哈尼族村落的蘑菇房（图片提供：程海帆）

---

① 孙娜，罗德胤.哈尼民居改造实验.[J].建筑学报，2013（12）：38.

图4-4-2　哈尼族人居建筑与街道景观环境（图片提供：谭仁殊）

4.4.1 哈尼族民居景观

1. **平面布局：**哈尼族民居一般为两层半，屋顶加盖局部坡屋面。主体平面为矩形，进深约 6 米左右，面宽约 9 米左右。内部空间划分简单自由，一个大空间里往往并置好几个功能。底层一般是牲畜房，层高较低。通过室外台阶上到二层平台再进入二层室内。二层中心部位的大空间是堂屋，这是起居室、餐厅、祭祀空间的混合空间，靠近堂屋中间的地上有一个方形火塘。在堂屋四周靠墙处放床作为卧室，墙角处作为灶台和储藏室。二层的天花板开洞口，通过室内爬梯可上到三层阁楼。坡屋顶下方的阁楼一般用于储藏，外部则为室外平台[①]（见图4-4-3、图 4-4-4）。

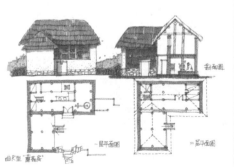
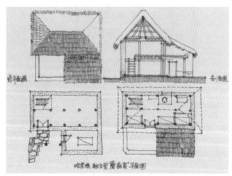

图4-4-3　哈尼族建筑独立型、曲尺型平面布局（作者绘制）

---

① 许骏，周凌．元阳哈尼传统民居建造体系与更新设计研究．[J]．建筑师，2016（6）：80-81.

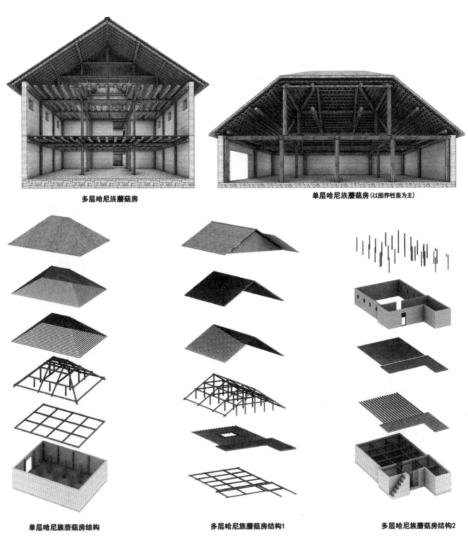

多层哈尼族蘑菇房　　　　　　　　　　　　单层哈尼族蘑菇房(以圈养牲畜为主)

单层哈尼族蘑菇房结构　　　　　多层哈尼族蘑菇房结构1　　　　　多层哈尼族蘑菇房结构2

图4-4-4　哈尼族建筑剖面透视及结构爆炸图（图片绘制：傅俊凯）

2.**建筑材料**：哈尼族传统民居最大的特点就是真实地表达了每种材料的本性。哈尼族传统民居的建造材料主要是当地生土、石头、木材、竹子、稻草以及石灰等，这些建筑材料在当地能够很容易地获取，所以适合建造普通民居。哈尼人对乡土材料的成功运用来自对材料的独特理解与感知，其建造的逻辑和过程都清晰地反映在一栋栋民居上（见图 4-4-5）。

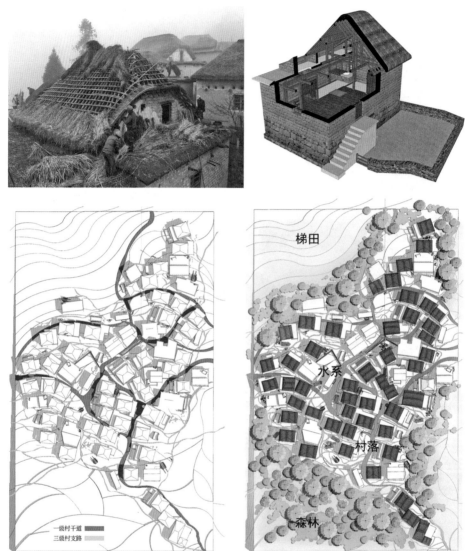

图4-4-5 哈尼族建筑的乡土材料运用和梯田、水系、村落、森林组成的四素同构（图片提供：程海帆、邹洲、谭仁殊）

4.4.2 哈尼族民居空间构成

1.墙体：元阳传统哈尼族民居的墙体以土墙和石墙为主（见图4-4-6）。墙身厚度约在35至50厘米之间，层高约2至2.4米。外部墙面一般窗洞较小，整个

图4-4-6　传统哈尼族民居的墙体材料（图片提供：谭仁殊）

形体外部几乎不做任何装饰，质朴而粗犷，敦厚而简洁，营造出一种淳朴、自然的意境。土墙分为两种：一种是土坯砖墙，建造难度低；另一种是版筑夯土墙，建造要求较高。在哈尼族民居中外墙主要起承重和维护作用。墙体采用的土、石材料及其厚度使得哈尼族民居冬暖夏凉，防火性能和保温隔热效果良好，适合昼夜温差较大的气候特点。同时也适应哈尼族的火塘文化，降低了发生火灾的风险。

2. **木框架**：元阳哈尼族民居的木框架比较原始，木柱和木梁从山上采来后只做简单处理，一般是削成方形，最多涂上一层黑漆。施工操作简单，外面覆以土墙或石墙，再立屋架。土掌房屋顶及楼板的建造是先在木梁上放木楞，间距小且不规则，有的甚至密铺，再铺上柴草，垫泥土拍打密实，有的用土坯填平后再抹泥，一般可维持30至40年不坏。

3. **屋顶**：哈尼族传统民居的屋顶形式是两坡或四坡茅草顶，俗称"蘑菇顶"（见图4-4-7）。蘑菇顶是哈尼族人在屋顶上搭建木屋架并铺以茅草而成。屋顶首先用较粗的木材搭出框架，再用木椽铺出两个或四个坡面，木椽上固定挂草条，最后铺上厚厚的茅草而不是当地随处可见的稻草（虽当地稻田较多，但因气候潮湿，稻草受潮极易腐烂，维护成本较高，故不作为屋顶材料）。茅草先捆扎成片，再逐层铺盖。屋脊部分会加一根木棍，用来压住顶部的草，茅草制作的蘑菇顶维

图4-4-7 哈尼族传统民居的"蘑菇顶"形式及顶的内部构造（图片提供：谭仁殊）

护较好的情况下3至5年才需进行更换。

　　蘑菇顶的坡度在45度左右，正脊和出檐均较短。为方便进出晒台，在晒台一侧的屋顶檐口会做少许变化。蘑菇顶除了可以提高防雨和排水性能外，其下方还多了一部分储藏空间，可存放粮食，通过楼板洞口的爬梯可以通向二层。

　　4. 平台：屋顶平台的质量好坏对哈尼族民居来说至关重要，平台可作农作物晾晒场地和室外空间活动（见图4-4-8）。屋顶平台一般是在木框架的横梁上铺木椽，在木椽上密铺竹条，并糊草拌泥，然后铺厚土夯实，最后在表面用石灰或砂浆抹面。平台边沿一般会伸出外墙面10至30厘米左右，由墙顶的土坯砖叠涩[1]挑出（见图4-4-9）。蘑菇顶檐口一般略高于平台的边沿，在平台的边沿用泥土或砖块堆高10厘米左右，确保粮食不会受潮，同时可以有效组织平屋面的排水，作用类似现代建筑的女儿墙。

---

[1]　叠涩是一种非常古老的建筑砌法，主要用砖、石、木等材料，通过层层向外挑出或向内收而垒叠砌筑，常用于叠涩拱、砖塔的檐部、室内天花藻井、须弥座台基束腰、埠头墙的拔檐、无梁殿的穹隆顶、承托装修构建等位置的建造。在我国，叠涩最早见于东汉墓顶，地面建筑最早采用为北魏砖石塔檐口，到五代砖塔门窗洞口开始砌成叠涩尖拱形，至明代应用更广。从建造层面上看，叠涩在当代最有价值的就是模块化、装配式的建造思路。

图4-4-8　哈尼族民居平台（图片提供：程海帆）

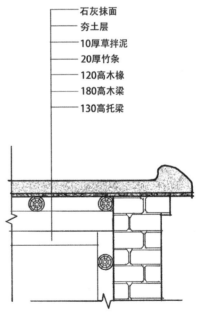

石灰抹面
夯土层
10厚草拌泥
20厚竹条
120高木椽
180高木梁
130高托梁

图4-4-9　哈尼族民居墙顶土坯砖叠涩及民居平台构造（图片绘制：王铣）

5. **楼板**：哈尼族传统民居中的楼板分为两种。一种是直接在木椽上铺木板形成木楼板。另一种是跟屋顶平台一样在木椽上铺设竹条，并糊草拌泥，其上铺厚土夯实形成土楼板。二层地板以中间一排柱为分界，前半部分（即堂屋、卧室部分）的地板由下至上，分别是主梁、木椽和木楼板，木椽有时用木材，有时则用竹子。后半部分（即灶台附近）的楼板有两种做法：一种是在主梁、木椽之上密铺一层竹条或木条，并糊草拌泥，上铺厚土夯实；另一种做法考虑到灶台部分荷载较大，于是直接由底层起，用石块垒叠至二层楼板高，再在其上砌筑灶台，即灶台及其周边地面不由木框架和墙体承重，而是由其下的石墩子承重。

4.5 佤族建筑空间解析（以临沧佤族建筑景观为例）

在云南，"天幕"[①]系住屋不甚发育，但各种地棚式住屋，可以归入此类，而佤族地棚式住屋就属于"天幕"系住屋[②]。佤族地棚式住屋属于"墙—顶"分离式地棚。例如翁丁佤族"鸡罩棚"屋顶两端呈弧形，檐口距地面不过 1 米左右，进出得深弓下腰。远远看去，只见屋顶而不见墙体，酷似农家罩养雏鸡的罩子，故名"鸡罩棚"。

佤族主要分布在云南的西南区域，这些地区是民族杂居区，如西盟、耿马、孟连、沧源等县。佤族世居偏僻山区，山高水低，地形复杂，民族融合进程缓慢，民族文化得以保存和延续，在民居建筑上也更多地体现出了古老原始的特点，住屋仍然属于原始建筑的范畴（见图 4-5-1）。佤族民居无论是在造型、取材，还是建造技术和聚落布局等方面都与其所在地域的气候、经济、文化紧密结合，表现出强烈的乡土文化气息（见图 4-5-2）。

---

① "天幕"系住屋包含条帐式住屋（如藏族及满族先民的帐篷等）和毡包式住屋（如蒙古族的"蒙古包"、鄂伦春族和鄂温克族的"仙人柱"等）。"天幕"系住屋主要分布在长城和黄土高原北部边缘以北的内陆温带草原和欧亚大陆的中心部分。远古以来，那里的居民就以游牧为主要生计。游动和定居本是人类为适应不同生存环境而做出的不同选择。不断从游动转向定居，是许多民族都曾经历过的发展道路。但这个转向的实现，不可避免地受到时代的限制。在生产水平低下的时代，对从事畜牧业为主的北方大草原上的居民来说，游动就是最重要的调适手段。"天幕"系住屋，就是在这个法则的控制下出现的。1949 年以前，在北方草原居民生产方式没有出现重大突破的那些地区，"天幕"系住屋就显得相当稳定。

② 蒋高宸.云南民族住屋文化［M］.昆明：云南大学出版社，1997：317.

图 4-5-1　佤族民居村落鸟瞰图（图片拍摄：范津铭）

图 4-5-2　佤族建筑单体平面及立面图（作者绘制）

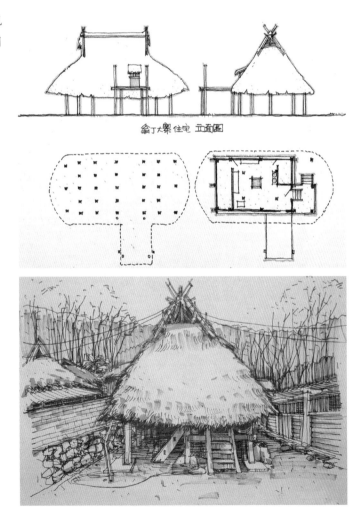

佤族民居适应环境恶劣的山区,是与其刀耕火种的生产方式相匹配的,因此,佤族的民居建造在体现"刀耕火种文化"中表现出了以下几点基本特征。

4.5.1 民居发展的内向性

佤族主要生活在山区,生产方式较为原始,受自然环境的影响较大,所以他们对于大山的崇拜是与生俱来的。而且由于山区环境闭塞,隔绝了与外界的联系,所以民族文化特色能够被最大限度地保留。

佤族与其他民族不同,由于他们世居偏僻山区,山高水低,地形复杂,与其他民族文化交流频率较低,民族融合进程缓慢,在民居建筑上就体现出了古老原始的特点,如设火塘、屋顶呈半圆形、底层架空、外墙比较低矮、功能分区比较简单,一些建筑类型和构件也体现了较原始的特点等,村落景观空间结构也保留了氏族聚落的特征。所有这些构成了佤族民居聚落的强烈个性,彰显了佤族民居的独特魅力(见图4-5-3)。

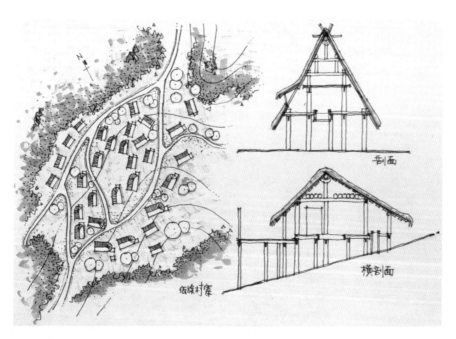

图4-5-3 佤族村落空间景观及建筑单体剖面图(作者依据王翠兰、陈谋德主编的《云南民居·续篇》中的插图绘制)

4.5.2 民居建造的实用性

佤族建筑无论在建筑形式上还是建造技术上，都体现出实用的特征，具体体现在以下两个方面：首先是采用简单的方式解决复杂的居住问题，比如民居对当地材料的运用，采用简单的空间分布和架空的形式，同时也采用一些较原始但是有效的结构体系和构造技术。其次是采用谨慎、尊重的态度建造，体现在对环境的尊重上，用最小的代价换来最大的功能需求（见图4-5-4）。

图4-5-4 佤族村寨的半圆屋顶及简单原始的结构体系（图片绘制：李楠；图片拍摄：范津铭）

4.5.3 民居营造的双重性

佤族民居营造的双重性体现在建筑形式、构架技术和聚落形态三个方面：

首先，佤族民居建筑形式同时具有矩形平面和半圆屋顶两种特征的"半方半圆"特征，这种特征适应了山区环境和刀耕火种的生产方式。佤族人为了适应环境，逐渐将矩形平面和半圆屋顶这两种不同的建筑元素有机地结合在一起（见图4-5-5）。

图4-5-5　佤族住屋示意图（图片绘制：李正浩；图片拍摄：范津铭）

其次，技术上的双重性体现在不同的技术应用于不同类型的建筑，或同一座建筑采用不同的技术体系建造。佤族的住屋更多地体现了整体框架的特色，主要构架的连接采用了榫卯技术，但在墙面维护结构和屋顶的固定上仍然采用较为原始的绑扎技术（见图4-5-6）。

最后，佤族聚落向心与离散的形态特征同时体现了血缘聚落和地缘聚落的特点，也反映出佤族民居建造双重性的特征[①]。母系氏族公社聚落的基本单位是以血缘关系为纽带的，因此形成了体现血缘关系特征的"血缘聚落"；而父系氏族由于伴随着家庭私有制的产生和生活生产的家庭化，产生了"地缘聚落"。佤族村寨的向心性体现在聚落中的宗教性建筑、中心广场、榕树等向心性要素。原始族群

---

① 孙彦亮.佤山生产方式与佤族民居建造［D］.昆明理工大学，2008（9）.

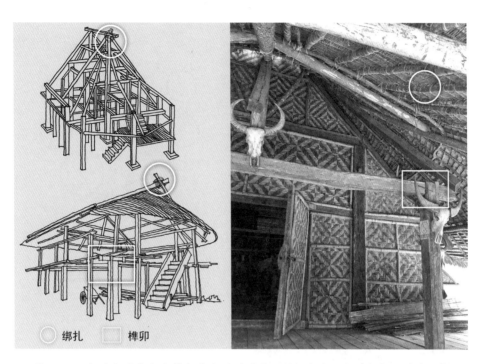

绑扎   榫卯

图4-5-6   佤族住屋绑扎和榫卯节点图（图片绘制：安冉；图片拍摄：范津铭）

在聚落营造中将用于祭祀等活动的礼仪场所及宗教建筑放在非常重要的位置，从而形成村落的"精神中心"。尽管佤族村寨具有比较明显的向心性，聚落中住房的排列也有一定的规律，但民居之间的排列仍体现出自由布置的特点，很多住房都随地形而相应错落，总体体现出离散的特征（见图 4-5-7）。

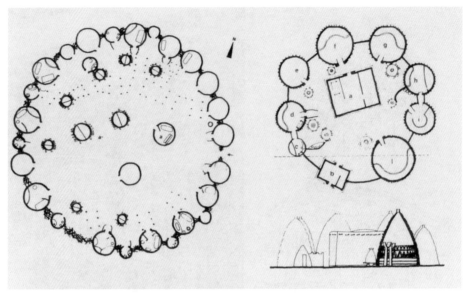

向心

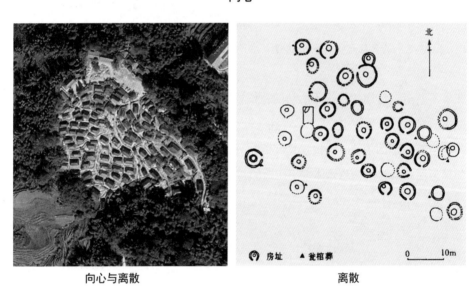

向心与离散   离散

图4-5-7　佤族聚落向心与离散的形态特征（下左图）与其他氏族村落离散与向心对比图（图片来源：上图《族群、社群与乡村聚落营造以云南少数民族村落为例》王冬，2013；下左图Google Earth；下右图《中国古代城市规划史》贺业钜，2003）

第 5 章

特色少数民族建筑景观空间更新方案

本章节以两个案例，探索云南少数民族村落住屋如何改造和提升。村落景观环境和传统民居是方案设计的重点内容，除了要注重建筑外观形象的提升，还要对内部空间进行优化，除了考虑公共建筑的实用性，还要考虑内部功能的时代性。

通过案例的展示，最重要的是提升老百姓对自己民居价值的认识，意识到通过设计是可以将原本古旧的建筑与环境重新修葺，让其焕发新的活力，创造新的价值。

本章案例为云南财经大学传媒与设计艺术学院环境设计专业师生通过深入的村落调研、测绘而完成的方案设计及绘制。第一个案例为纳西族村落景观空间更新与文化传承方案，通过案例重点探讨乡村公共建筑空间景观的更新和再利用。第二个案例为大理白族村落景观空间更新与文化传承方案，通过案例重点探讨白族旅游村落建筑景观空间的更新与活化。

方案设计虽已完成，但设计内容不免略显稚嫩，仅做抛砖引玉，供各位专家和读者批评指正。乡村村落建筑历史景观保护和更新工作任重道远，需要我们不断地探索。

5.1 纳西族村落景观空间更新与文化传承方案设计图集节选

　　玉湖村是典型的纳西族村落，本方案主要展现对玉湖村公共空间及建筑单体（包括垃圾桶、路灯、公交候车站、乡村活动中心、文化展厅、造纸体验区、村民活动区、乡村书屋等）的改造设计。

玉湖村肌理分析图

玉湖村道路分析图

居民道路现状

次要道路现状图

主要道路现状图

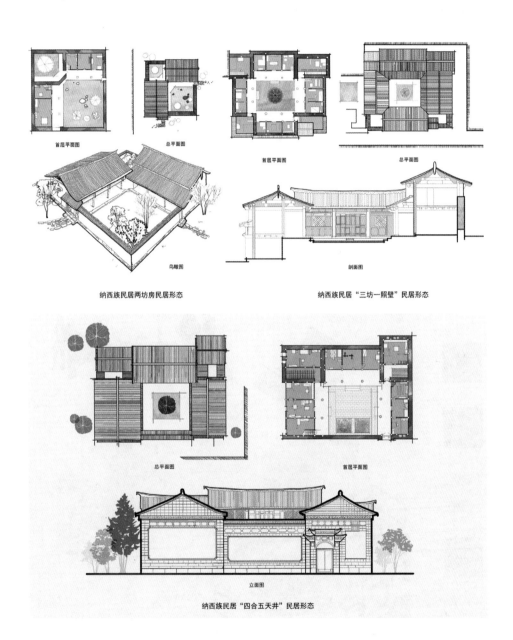

首层平面图　　　　　　　　　　总平面图

首层平面图　　　　　　　　　　总平面图

鸟瞰图　　　　　　　　　　剖面图

纳西族民居两坊房民居形态　　　　　　　　纳西族民居"三坊一照壁"民居形态

总平面图　　　　　　　　　　首层平面图

立面图

纳西族民居"四合五天井"民居形态

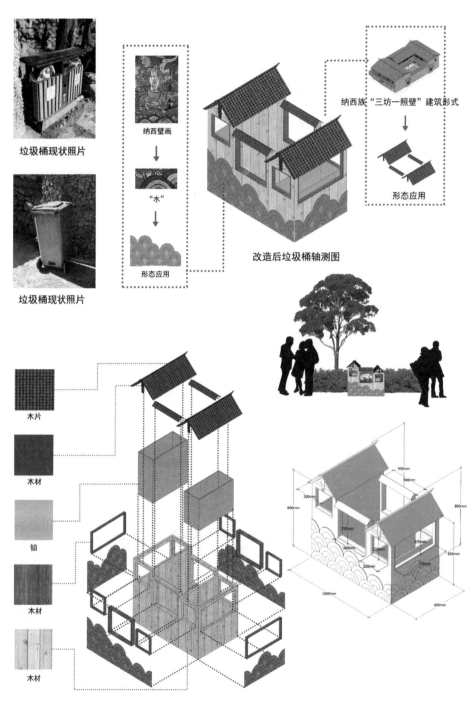

垃圾桶现状照片

垃圾桶现状照片

纳西壁画

↓

"水"

↓

形态应用

改造后垃圾桶轴测图

纳西族"三坊一照壁"建筑形式

↓

形态应用

木片

木材

铅

木材

木材

路灯现状图

路灯现状图

改造后的路灯

纳西族图腾

↓

形态应用

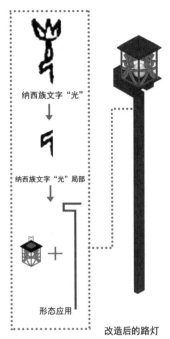

纳西族文字"光"

↓

纳西族文字"光"局部

↓

＋

形态应用

改造后的路灯

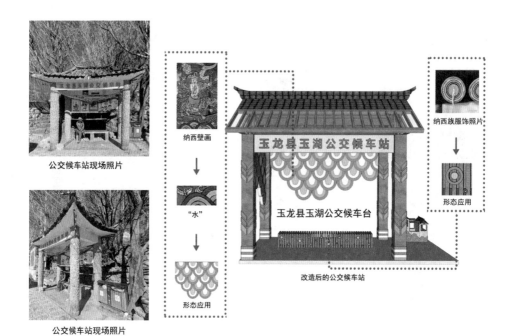

公交候车站现场照片

公交候车站现场照片

纳西壁画

↓

"水"

↓

形态应用

玉龙县玉湖公交候车站

玉龙县玉湖公交候车台

纳西族服饰照片

↓

形态应用

改造后的公交候车站

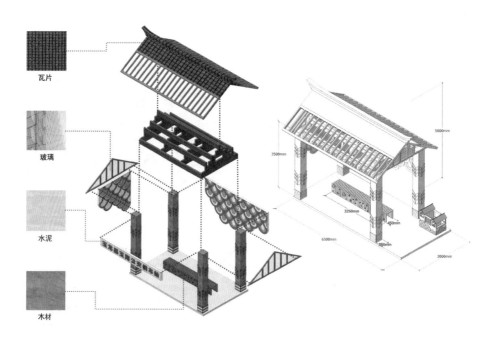

瓦片

玻璃

水泥

木材

玉龙县玉湖公交候车站

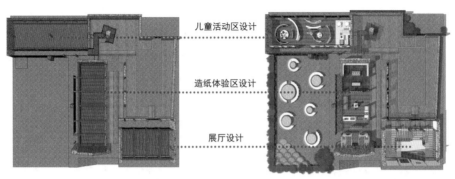

儿童活动区设计

造纸体验区设计

展厅设计

原始平面一层　　　　　　　　　　改造平面一层

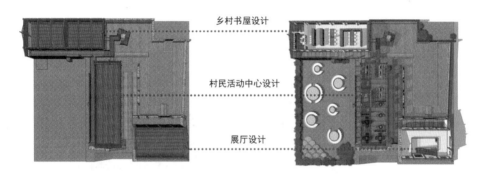

乡村书屋设计

村民活动中心设计

展厅设计

原始平面二层　　　　　　　　　　改造平面二层

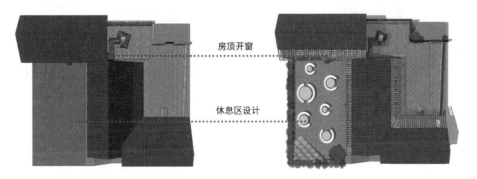

房顶开窗

休息区设计

原始平面　　　　　　　　　　　　改造平面

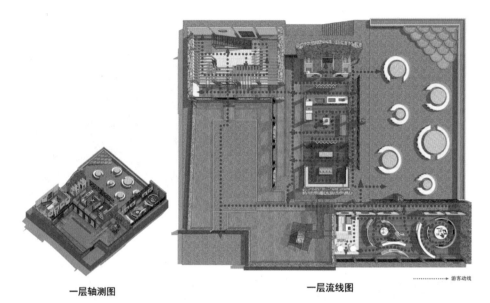

一层轴测图 一层流线图

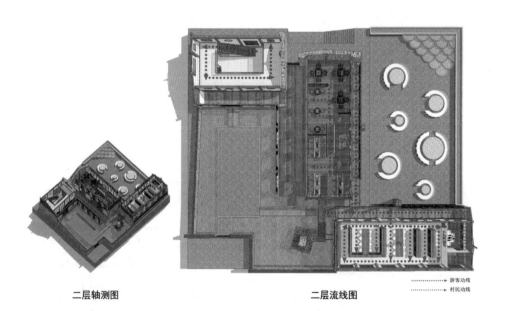

二层轴测图 二层流线图

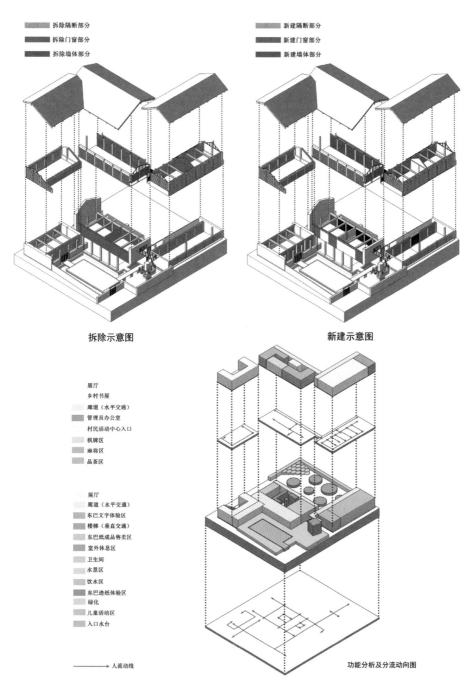

拆除隔断部分
拆除门窗部分
拆除墙体部分

新建隔断部分
新建门窗部分
新建墙体部分

拆除示意图

新建示意图

展厅
乡村书屋
廊道（水平交通）
管理员办公室
村民活动中心入口
棋牌区
麻将区
品茶区

展厅
廊道（水平交通）
东巴文字体验区
楼梯（垂直交通）
东巴纸成品售卖区
室外休息区
卫生间
水景区
饮水区
东巴造纸体验区
绿化
儿童活动区
入口水台

人流动线

功能分析及分流动向图

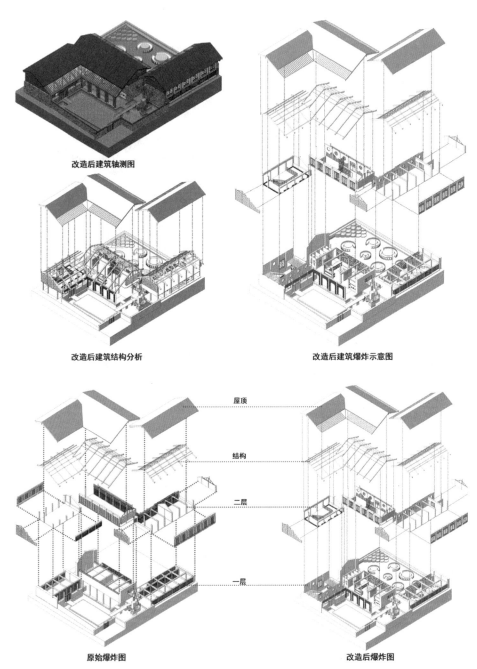

改造后建筑轴测图

改造后建筑结构分析

改造后建筑爆炸示意图

屋顶

结构

二层

二层

一层

一层

原始爆炸图

改造后爆炸图

文化展厅平面索引

文化展厅A剖立面

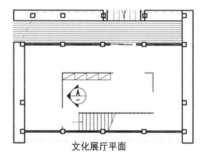

文化展厅平面

造纸体验区A剖立面

造纸体验区平面索引

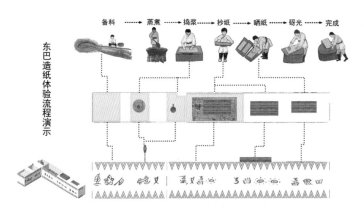

东巴造纸体验流程演示

备料 → 蒸煮 → 捣浆 → 抄纸 → 晒纸 → 砑光 → 完成

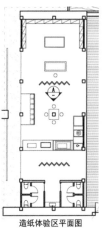

造纸体验区平面图

村民活动区平面索引

村民活动区平面图

村民活动区A剖立面

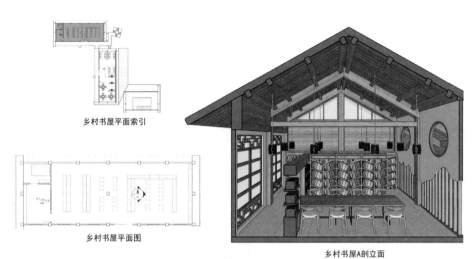

乡村书屋平面索引

乡村书屋平面图

乡村书屋A剖立面

5.2 白族村落景观空间更新与文化传承方案设计图集节选

　　大理市喜洲镇沙村是传统的白族村落，传统建筑景观丰富，吸引了众多游客。本方案主要展现对沙村传统建筑的保护、修缮和改造。

设计范围线

■ 保护建筑：指已认定的历史建筑，以整体保护及日常维护为主

　保留建筑：指与历史建筑风貌无冲突的建筑，根据周边环境，以局部整改为主

■ 整治建筑：指与历史建筑风貌无冲突的建筑，包括体量、造型、色彩、材质等，以
　建筑整体改造为主

　修缮建筑：指有一定有历史风貌价值的建筑，以更换构件和局部整改为主，特别注
　意保护建筑中有历史记忆的部分

■ 拆除建筑：指与历史风貌有严重冲突的建筑，通过整治无法协调，以拆除为主，并
　按规划设计进行实施

场地建筑类型示意图

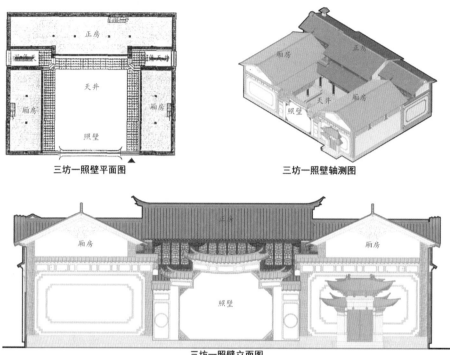

三坊一照壁平面图

三坊一照壁轴测图

三坊一照壁立面图

"一滴水"照壁

"三滴水"照壁

"人字形"山尖

"弧形山尖"

"五边形"山尖

有厦门楼

无厦门楼

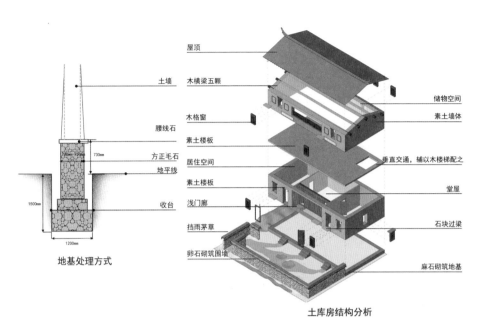

地基处理方式

土库房结构分析

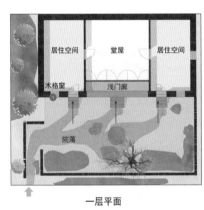

一层平面

二层平面

土库房立面图　　　　　　土库房剖面图

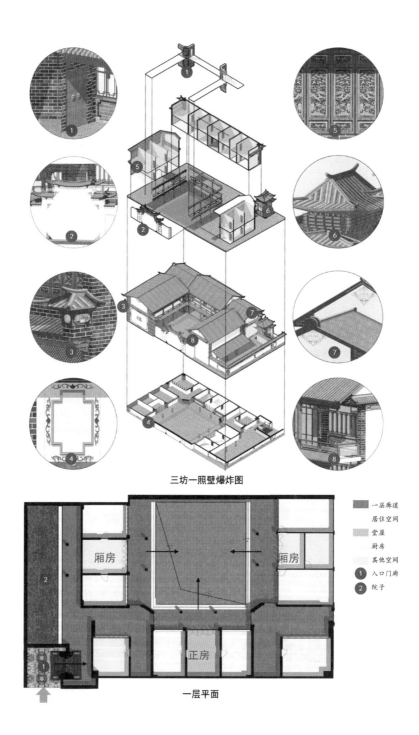

三坊一照壁爆炸图

一层平面

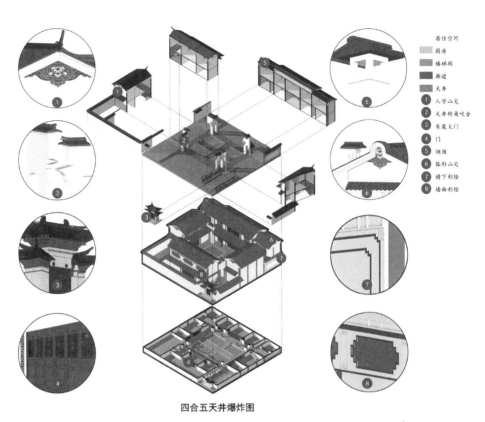

四合五天井爆炸图

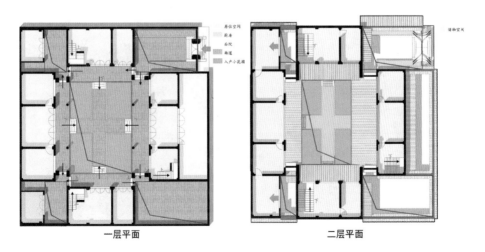

一层平面　　　　　　　　　二层平面

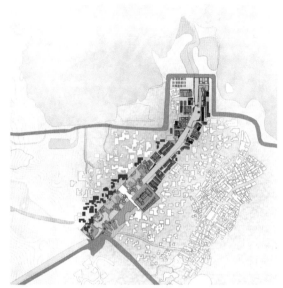

改造后平面肌理

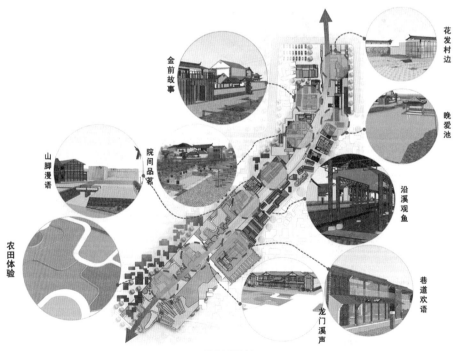

金前故事

花发村边

晚爱池

山脚漫语

院间品茗

沿溪观鱼

农田体验

巷道欢语

龙门溪声

景观流线控制

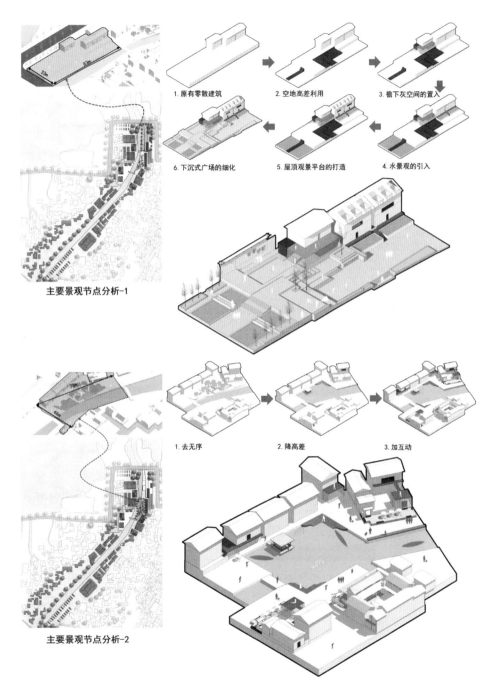

1. 原有零散建筑　　　2. 空地高差利用　　　3. 檐下灰空间的置入

6. 下沉式广场的细化　5. 屋顶观景平台的打造　4. 水景观的引入

主要景观节点分析-1

1. 去无序　　　2. 降高差　　　3. 加互动

主要景观节点分析-2

115

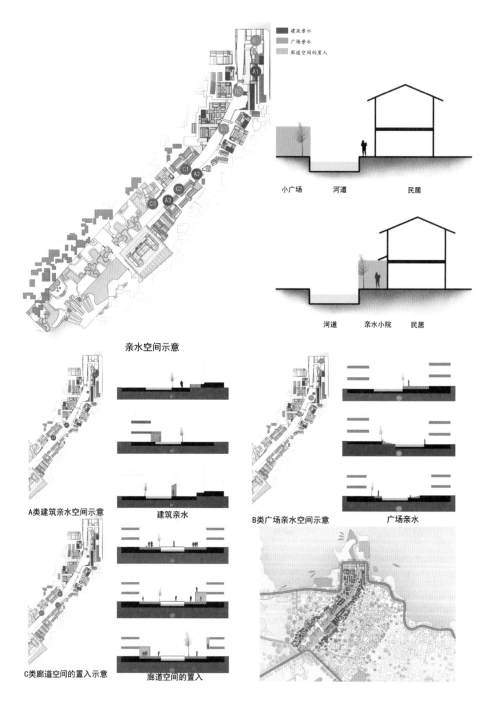

亲水空间示意

A类建筑亲水空间示意　　建筑亲水　　B类广场亲水空间示意　　广场亲水

C类廊道空间的置入示意　　廊道空间的置入

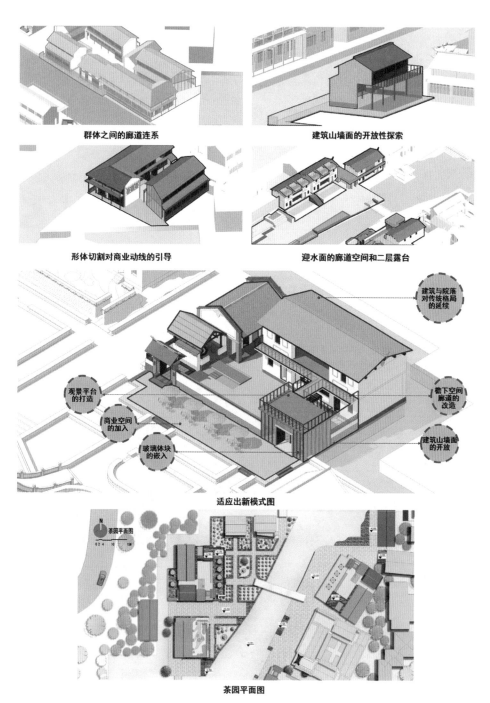

群体之间的廊道连系

建筑山墙面的开放性探索

形体切割对商业动线的引导

迎水面的廊道空间和二层露台

建筑与院落对传统格局的延续

观景平台的打造

商业空间的加入

玻璃体块的嵌入

檐下空间廊道的改造

建筑山墙面的开放

适应出新模式图

N

茶园平面图

0 2 4　10　15M

茶园平面图

晚爱池剖面图

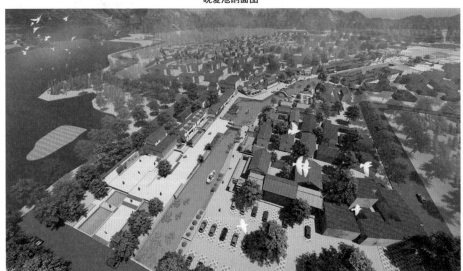

村落鸟瞰图

街道示意图

水街示意图1

村落广场示意图

水街示意图2

水街示意图

街巷示意图

广场空间示意图

后记

　　本书是基于 2020 年度云南省社科规划科普项目"云南少数民族村寨历史景观文化传承读本"结题资料的梳理与深化而成。首先要感谢云南省社会科学界联合会、云南省社科普及工作委员会办公室的领导和老师们在课题研究过程中给予我们的宽广平台与难得的实践锻炼机会，在文章选题、写作过程中给予课题组的指导，以及经费和多方面的支持，这些使课题组能够顺利完成此书，感谢至极！

　　本书的完成也得到了前辈、老师和朋友们的支持与帮助。特别感谢我的导师朱良文先生一直以来的关怀与指导，引领我进入云南民居营造这一广阔的学术天地。导师不但以丰富的学识、严谨的治学态度以及敏锐的学术感知为我把握研究方向，还在为人为学、人文素养培育等方面言传身教，使我受益良多。感谢云南大学何明教授，以开阔宽广的学术视野、敏锐独到的学术眼光对本课题的悉心指导，"学为人师、行为世范"的榜样力量将使我受益终身。同时也特别感谢昆明理工大学的车震宇、程海帆、郑溪、赵虎老师，云南艺术学院的邹洲、谭仁殊老师以及袁泽艺、李雪松在文章写作、资料收集和项目实践中给予课题组的莫大支持。

感谢云南财经大学传媒与设计艺术学院的袁洪院长、李丽忠书记和环境设计系的教师们，感谢你们在经费支持、田野调研、课题写作中给予的支持、指导与帮助，这些使课题组对本书的撰写有了基础保障和更深的理解。

感谢范津铭、陈佳节、秦子景、傅俊凯、杨兴蔚、董万清、蔡星宇、王铣、陈莹、张菁桢、苏蕾、时昊天、刘东航、黑开雄、梁天韦等环境设计专业的同学们，以及"建筑视线"学生社团的小伙伴们，你们对专业一丝不苟，潜心钻研，夜以继日地协助课题组完成了大量的村落调研、民居测绘、图纸绘制和建模工作，感谢你们的辛苦付出！

本书的部分图片绘制还借鉴了《云南民居》《云南民居·续篇》《云南民族住屋文化》《丽江——美丽的纳西家园》《丽江古城与纳西族民居》等文献著作，因版面排设与图面整体需求，文中所借鉴绘制的图片未能一一对应标注，在此特别表示歉意和感谢。

最后，感谢在高山峡谷间为我们提供交通帮助的人们！感谢村落中那些热情招待我们的少数民族同胞们！他们让我们感受到云南少数民族的真诚、纯洁与热情质朴。

李　楠

2022 年 10 月

附　录

　　根据《云南民居》^①《云南民居·续篇》^②《云南民居》^③《云南民族住屋文化》^④《云南省乡村宜居农房风貌引导图集》^⑤的内容，结合本书总结梳理出的四种住屋景观形态进行附录分类，将未能插入正文的图版，在本附录中展现。希望能让读者更全面、直观地感受和理解云南少数民族民居景观的独特魅力。

---

①　云南省设计院《云南民居》编写组 . 云南民居［M］. 北京：中国建筑工业出版社，1986.

②　云南省设计院《云南民居》编写组，王翠兰，陈谋德主编 . 云南民居·续篇［M］. 北京：中国建筑工业出版社，1993.

③　杨大禹，朱良文 . 云南民居［M］. 北京：中国建筑工业出版社，2009.

④　蒋高宸 . 云南民族住屋文化［M］. 昆明：云南大学出版社，1997.

⑤　云南省住房和城乡建设厅，云南省城乡规划设计研究院 . 云南省乡村宜居农房风貌引导图集［M］. 2021.

附录－1 干栏式建筑图版

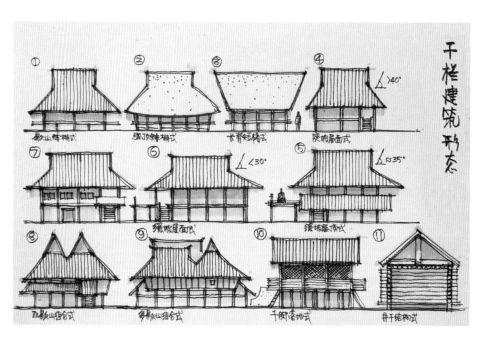

附录1-1 干栏式建筑形态（作者绘制）

附录1-2　傣族干栏式建筑（作者拍摄并绘制）

云南少数民族村落历史景观与文化传承

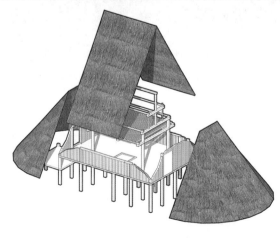

附录1-3 佤族"鸡罩棚"式建筑（图片提供及模型绘制：范津铭）

126

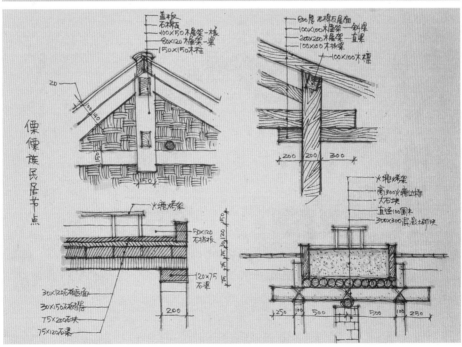

附录1-4　傈僳族干栏式建筑形态及细部节点（作者绘制）

附录1-5　德昂族（上图）与傣族（下图）村寨寺庙（作者绘制）

附录1-6　布朗族户外公共场所空间（上图）与 拉祜族村寨总平面图（下图）（作者绘制）

附录－2　井干式建筑图版

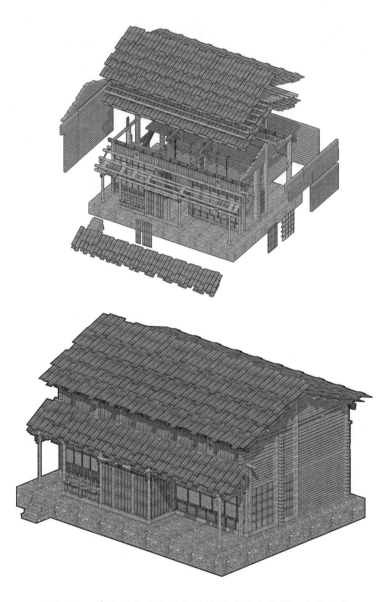

附录2-1　普米族井干式住宅爆炸图（图片绘制：郑昕怡）

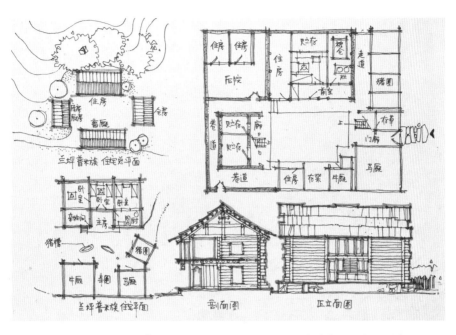

附录2-2　普米族井干式住宅平面及立面（作者绘制）

附录2-3　普米族井干式住宅透视图（作者拍摄）

附录2-4　傈僳族同乐村井干式住宅（作者绘制）

附录2-5　傈僳族井干式住屋景观（图片提供：李雪松）

附录2-6　傈僳族村落鸟瞰图（图片提供：李雪松）

附录－3　土掌房建筑图版

附录3-1　哈尼族阿者科村落景观远眺图（图片提供：程海帆）

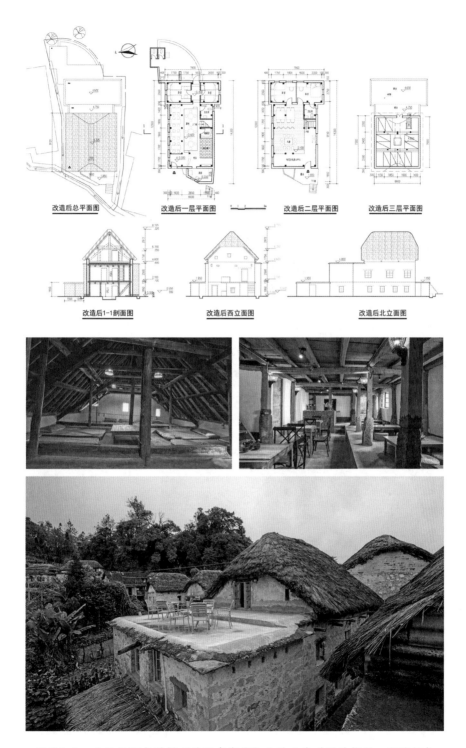

附录3-2　哈尼族阿者科村"关注者客栈"改造方案（图片提供：程海帆）

附录3-3　彝族村寨土掌房屋顶形态（图片拍摄：陈继承）

附录3-4　彝族村寨街道空间形态（图片拍摄：陈继承）

附录3-5 彝族村落景观要素与土掌房住屋立面（图片拍摄：陈继承）

左、右页：附录3-6 土
掌房屋檐及街巷空间形态
（图片拍摄：陈佳节）

附录-4 合院式建筑图版

附录4-1 白族合院式住
屋构建方式（作者拍摄）

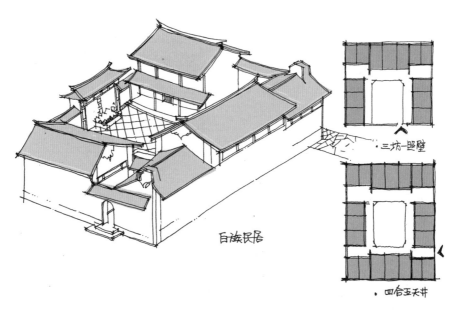

附录4-2　合院式民居屋顶肌理及"三坊一照壁"空间构成形式（作者绘制）

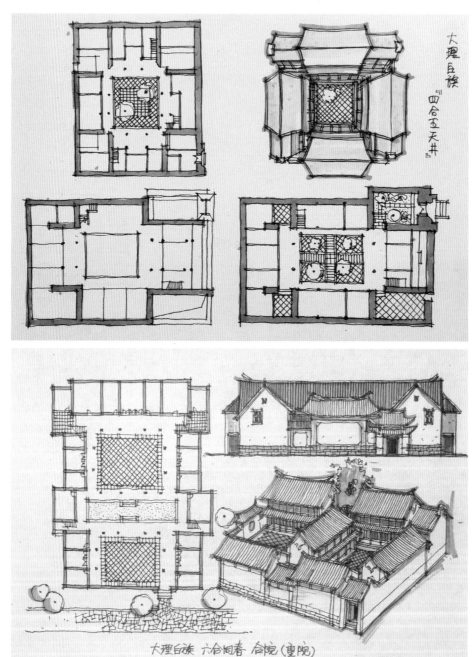

附录4-3　合院民居"四合五天井""六合同春"空间构成形式（作者绘制）

附录4-4　白族合院式民居内部院落（作者拍摄）

附录4-5　白族合院式民居外立面与内立面（作者拍摄）

附录4-6　纳西族村落鸟瞰图与街道空间图（图片拍摄：袁泽艺；图片绘制：李楠）

附录4-7　纳西族民居建筑丰富的山墙面（图片拍摄：袁泽艺）